团 体 标 准

城市地下综合管廊工程设计标准

Design standard for urban utility tunnel engineering

T/CECA 20022—2022

批准部门：中国勘察设计协会
施行日期：2022年12月1日

中国建筑工业出版社
2022 北 京

团 体 标 准
城市地下综合管廊工程设计标准
Design standard for urban utility tunnel engineering
T/CECA 20022—2022
*
中国建筑工业出版社出版、发行（北京海淀三里河路9号）
各地新华书店、建筑书店经销
霸州市顺浩图文科技发展有限公司制版
北京建筑工业印刷厂印刷
*
开本：850毫米×1168毫米 1/32 印张：7 字数：185千字
2022年10月第一版 2022年10月第一次印刷
定价：**78.00**元
统一书号：15112·39359

本社网址：http://www.cabp.com.cn
网上书店：http://www.china-building.com.cn

中国勘察设计协会文件

中设协字［2022］116号

中国勘察设计协会关于发布团体标准《城市地下综合管廊工程设计标准》的公告

现批准《城市地下综合管廊工程设计标准》为中国勘察设计协会团体标准，编号为 T/CECA 20022—2022，自 2022 年 12 月 1 日起实施。

本标准在中国勘察设计协会门户网（www. chinaeda. org. cn）发布相关信息，并由中国勘察设计协会秘书处委托中国建筑工业出版社出版发行。

中国勘察设计协会

2022 年 10 月 24 日

前　言

根据中国勘察设计协会下达的《关于印发2020年度第一批中国勘察设计协会团体标准制修订及相关工作计划的通知》（中设协字〔2020〕150号）的要求，编制组经广泛调研收集国内外综合管廊工程技术资料，认真总结国内综合管廊的实践经验，参考吸收了国内外先进标准和技术成果，并结合国内综合管廊规划建设的实际情况，在广泛征求意见的基础上，制定本标准。

本标准共分8章，主要技术内容有：1. 总则；2. 术语；3. 基本规定；4. 总体设计；5. 管线设计；6. 结构设计；7. 附属设施设计；8. 智慧管理平台设计。

本标准由中国勘察设计协会负责管理，由中国勘察设计协会市政分会负责日常管理，由中国市政工程华北设计研究总院有限公司负责具体技术内容的解释。本标准在执行过程中如有意见或建议，请寄送中国市政工程华北设计研究总院有限公司（地址：天津市南开区卫津南路钻石山星城33号楼，邮政编码：300381）。

本标准主编单位：中国市政工程华北设计研究总院有限公司

本标准参编单位：中冶京诚工程技术有限公司
天津市政工程设计研究总院有限公司
中国城市规划设计研究院
应急管理部天津消防研究所
北京市市政工程设计研究总院有限公司
西安市燃气规划设计院有限公司
中国能源建设集团天津电力设计院有限公司

华信咨询设计研究院有限公司
天津大学
四平市地下综合管廊建设运营有限公司
苏州城市地下综合管廊开发有限公司
国安达股份有限公司
浙江华神消防科技有限公司
烟台鲁蒙防水防腐材料有限公司
杭州坦科机械科技有限公司
唐山兴邦管道工程设备有限公司
南京联众工程技术有限公司
广东坚朗五金制品股份有限公司

本标准主要起草人：王长祥　王　淮　吕　彦　李云飘
庄　璐　宋欣欣　安　然　刘百韬
徐大军　唐　兰　刘　斌　姜素云
杜建梅　王　晖　杨安平　石　泉
张东岩　徐　辉　梁建文　赫明水
赵　伟　闵海华　张　勇　黄　君
赵　申　邸增强　李梦培　何士忠
赵志楠　刘　学　胡一苇　洪清泉
周晓蓉　杜忠胜　丁冬冬　邱华伟
战福军　沈文洲　宋　杰　崔玉钰

本标准主要审查人：李跃飞　束　昱　胡晶国　欧阳康淼
王家华　江怡芳　肖金凤

目　次

Contents

1 总　则

1.0.1 为了在城市地下综合管廊工程设计中做到安全适用、经济合理、技术先进、确保质量，制定本标准。

1.0.2 本标准适用于新建、扩建、改建的城市地下综合管廊工程设计。

1.0.3 城市地下综合管廊工程设计除应遵守本标准外，尚应符合国家现行有关标准的规定。

2 术　语

2.0.1 城市地下综合管廊　urban utility tunnel

建于城市地下用于容纳两类及以上城市工程管线的构筑物及附属设施，简称综合管廊或管廊。

2.0.2 干线综合管廊　trunk utility tunnel

用于容纳城市主干工程管线的综合管廊。

2.0.3 干支混合综合管廊　trunk and branch combined utility tunnel

用于容纳城市主干工程管线及配给工程管线的综合管廊。

2.0.4 支线综合管廊　branch utility tunnel

用于容纳城市配给工程管线的综合管廊。

2.0.5 缆线管廊　cable trench

采用浅埋沟槽或组合排管方式建设，用于容纳电力电缆、通信（广播电视）线缆等管线的小断面、非通行型综合管廊。

2.0.6 附属设施　auxillary facilities

为保障综合管廊及入廊管线正常稳定运行和人员安全，配套建设的消防、通风、供电、照明、监控与报警、给水排水和标识等设施。

2.0.7 管廊交叉节点　intersection of utility tunnel

管廊与管廊相交的部位，具备管线互通和人员通行功能。

2.0.8 逃生口　escape manhole

供人员在紧急情况下安全疏散到地面、相邻防火分区或其他安全部位的通道或孔口。

2.0.9 出入口　entrance

供管理维护人员从地面、监控中心等进出综合管廊的通道和口部。

2.0.10 舱室　compartment

由结构本体或防火墙分隔的用于敷设管线的封闭空间。

2.0.11 防火分区 fire compartment

在综合管廊内部采用结构主体、防火隔墙、防火门和防火封堵材料等设施分隔而成，能在一定时间内防止火灾向管廊其余部分蔓延的局部空间。

2.0.12 分区应用灭火方式 segmental region application fire extinguishing way

在规定的时间内，向起火分区与其相邻分区喷放设计用量的灭火剂，扑救起火分区内初起火灾的灭火方式。

2.0.13 监控中心 supervision center

安装有智慧管理平台、各组成系统后台等中央层设备，满足综合管廊建设运营单位对所辖综合管廊本体环境、附属设施进行集中监控、管理，协调管线管理单位、相关管理部门工作需求的场所。

2.0.14 智慧管理平台 intelligent management platform

利用信息化技术对综合管廊各子系统进行集成，满足对内管理、对外通信、与城市工程管线运营公司或管理部门协调等需求，具有综合、协同、智能化处理能力的系统。

3 基本规定

3.0.1 综合管廊工程设计应以城市地下综合管廊建设规划为依据。

3.0.2 城市地下综合管廊工程设计应遵循“依据规划、适度超前、因地制宜、统筹兼顾、本质安全”的原则。

3.0.3 综合管廊工程应结合新区建设、城市更新、旧城区改造、地下空间开发、城市工程管线改造、道路新（扩、改）建及轨道交通建设等，因地制宜地规划建设。

3.0.4 综合管廊工程建设应与轨道交通、地下道路、地下商业开发、地下人防、地下停车等地下相关项目的建设相衔接和协调，统筹考虑建设时序及建设方式。

3.0.5 给水、再生水、压力污水、热力、电力、通信（广播电视）等管线宜纳入综合管廊；重力流雨水及污水、天然气、垃圾气力输送等管线可纳入综合管廊。

3.0.6 综合管廊工程设计应考虑管廊建设的经济效益、社会效益和其他效益，结合城市道路、轨道交通、地下空间、给水、雨水、污水、再生水、天然气、热力、电力、通信（广播电视）等管线建设现状和相关专项规划，确定入廊管线及管廊断面、平面、纵向和节点设计。

3.0.7 综合管廊外露设施应与道路交通、环境景观、房屋建筑相协调，并应满足城市设计相关要求。

3.0.8 干线综合管廊、干支混合及支线综合管廊应同步规划、设计管廊附属设施。缆线管廊可不设置通风、消防等附属设施。

3.0.9 综合管廊应设置监控中心，监控中心应与管廊同步设计、同步建设。

3.0.10 综合管廊工程设计应包括总体设计、结构设计、附属设施设计等，纳入管廊的工程管线应同步进行专项管线设计。

4 总体设计

4.1 一般规定

4.1.1 综合管廊平面中心线宜与道路、铁路、轨道交通、公路中心线平行。

4.1.2 综合管廊穿越城市快速路、主干路、铁路、轨道交通、公路及河道时，宜垂直穿越；受条件限制时可斜向穿越，最小交叉角不宜小于60°。

4.1.3 综合管廊断面形式及尺寸应根据入廊管线的种类及规模、建设方式、预留空间及运维等因素综合确定。

4.1.4 综合管廊管线分支口应满足管线预留数量、管线进出、安装敷设作业的要求，并应进行集约化布置。相应的分支管线及配套设施应同步设计。

4.1.5 综合管廊每个舱室应设置人员出入口、逃生口、通风口、吊装口、管线分支口等，并应整合集约设置，其布置间距应满足安全使用要求。

4.1.6 综合管廊空间设计应预留管线、管线附件及综合管廊附属设施安装、运行、维护作业所需要的空间。

4.1.7 综合管廊应按管线要求并结合管廊结构条件设置支墩、支吊架或预埋件。

4.1.8 综合管廊顶板处应设置供管道及附件安装用的吊钩、拉环或导轨。吊钩、拉环间距不宜大于5m。

4.1.9 综合管廊内的爬梯、楼梯等部件应采用不燃材料。

4.1.10 含天然气管道舱室的管廊不应与其他建筑物合建。天然气管道舱与其他舱室不得连通。

4.1.11 综合管廊的雨水舱、污水管道舱宜结合城市排水防涝及海绵城市功能协调建设。

4.1.12 综合管廊舱室内设计环境温度不宜高于40℃。

4.2 管线入廊

4.2.1 入廊管线应依据相关上位规划，并综合考虑建设区域工程管线现状、周边建筑设施现状、水文地质条件及交通组织等因素确定。

4.2.2 重力流排水管线纳入管廊应根据排水系统整体布局，并结合地形、地势及技术经济条件综合确定。

4.2.3 天然气管线纳入管廊应根据周边环境的安全要求、经济技术条件和发展需求等综合确定。管道设计压力不宜大于1.6MPa。

4.2.4 入廊管线的管径应符合下列规定：

1 给水、再生水管道公称直径不宜大于*DN*1200，缆线管廊内配给性给水、再生水管线管径不宜大于*DN*300；

2 污水管道公称直径不宜大于*DN*1200；

3 热力管道公称直径不宜大于*DN*1000；

4 单舱敷设的天然气管道公称直径不宜小于*DN*150；

5 垃圾气力输送管道公称直径不宜小于*DN*500。

4.3 断面设计

4.3.1 综合管廊的断面形式应结合施工方式确定，并应符合下列规定：

1 明挖现浇施工时宜采用矩形断面；

2 明挖预制装配施工时宜采用矩形断面，也可采用圆形或类圆形断面；

3 顶管、盾构施工时宜采用圆形断面或矩形断面；

4 沟槽式缆线管廊宜采用矩形断面。

4.3.2 综合管廊断面设计应结合道路断面、地下轨道交通及其他地下设施进行布置。当综合管廊与地下轨道交通或其他地下设施整体建设时，其断面形式应与共建的地下设施相协调。

4.3.3 综合管廊内的管线布置应符合下列规定：

1 小直径管道宜布置在上部，大直径管道宜布置在下部；

2 电力电缆与通信线缆同侧敷设时，电力电缆宜布置在下部，通信线缆宜布置在上部；

3 需经常维护的管线宜靠近中间通道布置。

4.3.4 综合管廊舱室布置应根据管廊空间、入廊管线种类及规模、管线间相互影响及周边用地功能和建设用地条件等因素确定，并应符合下列规定：

1 入廊管线中相互无影响的工程管线可设置在同一舱室内，相互有影响的工程管线应分舱布置或采用减少相互影响的措施；

2 干线管道舱室宜布置在中间或内侧，支线管道舱室宜布置在外侧且应靠近管线服务地块一侧。

4.3.5 天然气管道的敷设应符合下列规定：

1 天然气管道宜在独立舱室内敷设；

2 单层布置时，天然气管道舱室应位于外侧且不应与污水舱相邻；

3 两层及多层布置时，天然气管道舱应设置在上层；

4 当给水、再生水管线满足易燃易爆环境敷设要求时，可与天然气管道共舱。

4.3.6 热力管道的敷设应符合下列规定：

1 热力管道采用蒸汽介质时应在独立舱室内敷设；

2 热力管道不应与电力电缆同舱敷设；

3 热力管道与给水、再生水管道共舱同侧布置时，热力管道宜布置在给水、再生水管道上方。

4.3.7 电力电缆的敷设应符合下列规定：

1 舱室多层布置时，电力电缆舱室不宜布置在给水管道舱室下方；不应布置在排水箱涵或容纳排水管道舱室的正下方；

2 110kV 以下电力电缆可与给水、再生水、通信线缆、垃圾气力输送、压力污水等管线共舱布置；

3 同舱敷设不同电压等级电力电缆时，应按“高压在下、低压在上”的顺序分层布置；

4 110（66）kV及以上电力电缆，不应与通信电缆同侧布置；

5 110（66）kV及以上电压等级电力电缆每层支架应布置一回，35kV及以下电压等级电力电缆每层支架可布置多回。

4.3.8 进入综合管廊的排水系统应采用分流制，雨水纳入综合管廊可利用结构本体或管道排水方式。污水纳入综合管廊内应采用管道排水方式，且宜设置在管廊底部。

4.3.9 综合管廊断面净高应符合下列规定：

1 干线和干支混合管廊净高不宜小于2.4m；

2 支线管廊净高不宜小于2.1m；

3 缆线管廊净高不宜大于1.8m，封闭式工作井净高不宜小于1.9m；

4 管廊逃生口和进出口通道高度、与其他地下建（构）筑物交叉局部区段的净高不宜小于2.0m。

4.3.10 综合管廊通道净宽应满足管道、配件及设备运输和通行的要求，并应符合下列规定：

1 干线、干支混合及支线管廊内两侧敷设线缆或管道时，通道净宽不宜小于1.0m；当单侧敷设线缆或管道时，通道净宽不宜小于0.9m；

2 缆线管廊内两侧敷设线缆时，通道净宽不宜小于0.7m；单侧敷设线缆时，通道净宽不宜小于0.6m；

3 配备检修车时通道宽度不宜小于2.2m，在通道转弯处应满足检修车正常作业及管线拖运的要求；

4 一个舱室内有多个通道时，不作为交通的辅助通道宽度不宜小于0.6m。

4.3.11 综合管廊的管道安装净距（图4.3.11）不宜小于表4.3.11中规定。

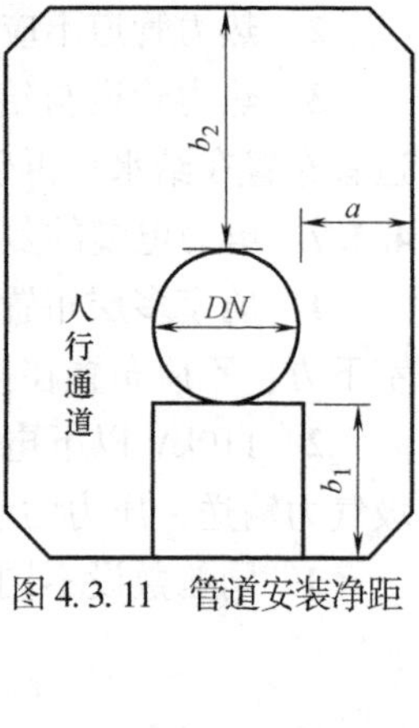

图4.3.11　管道安装净距

表 4.3.11 综合管廊的管道安装净距

<table>
<tr><th rowspan="3">公称直径(DN)</th><th colspan="6">管道安装净距(mm)</th></tr>
<tr><th colspan="3">铸铁管、螺栓连接钢管</th><th colspan="3">焊接钢管、化学材料或复合材料管</th></tr>
<tr><th>a</th><th>b_1</th><th>b_2</th><th>a</th><th>b_1</th><th>b_2</th></tr>
<tr><td><<i>DN</i>400</td><td>300</td><td>300</td><td rowspan="3">800</td><td rowspan="2">400</td><td rowspan="2">400</td><td rowspan="3">800</td></tr>
<tr><td>DN400~DN900</td><td>400</td><td>400</td></tr>
<tr><td>DN1000~DN1200</td><td>500</td><td>500</td><td>500</td><td>500</td></tr>
</table>

4.3.12 电力电缆的断面布置应符合现行国家标准《电力工程电缆设计标准》GB 50217 的有关规定，并应符合下列规定：

1 电力电缆支架层间垂直间距和支架长度宜按表 4.3.12-1 确定；

2 电力电缆支架离底板和顶板的最小净距不宜小于表 4.3.12-2 的规定。

表 4.3.12-1 电力电缆支架层间垂直间距和支架长度（mm）

<table>
<tr><th colspan="2">电缆电压等级和类型、敷设特征</th><th>普通支架、吊架
（最小垂直间距）</th><th>桥架
（最小垂直间距）</th><th>支架/桥架(长度)</th></tr>
<tr><td colspan="2">控制电缆明敷</td><td>120</td><td>200</td><td rowspan="7">600~800</td></tr>
<tr><td rowspan="6">电力电缆明敷</td><td>6kV 以下</td><td>150</td><td>250</td></tr>
<tr><td>6kV~10kV 交联聚乙烯</td><td>200</td><td>300</td></tr>
<tr><td>35kV 单芯</td><td>250</td><td>300</td></tr>
<tr><td>35kV 三芯</td><td>300</td><td>350</td></tr>
<tr><td>110(66)kV~220kV</td><td>350</td><td>400</td></tr>
<tr><td colspan="2">电缆敷设于槽盒中</td><td>h+80</td><td>h+100</td></tr>
</table>

注：1 h 表示槽盒外壳高度；

2 10kV 及以上高压电力电缆接头的安装空间应单独考虑。

4.3.13 通信线缆桥架层间布置应符合现行国家标准《综合布线系统工程设计规范》GB 50311 的有关规定，并应符合下列规定：

1 线缆桥架最下层距地面不得小于 300mm，最上层距顶板不宜小于 300mm，与其他管线净距不宜小于 250mm。

表 4.3.12-2 电缆支架离底板和顶板最小净距（mm）

敷设位置		最小净距
最下层支架与底板间		100
最上层支架与顶板间	放置电缆时	270
	放置其他管线时	300

注：当电力电缆采用垂直蛇形敷设时最下层支架与底板间净距应满足蛇形敷设的要求。

2 线缆桥架层间距离应便于通信线缆的敷设和固定，线缆桥架宽度宜为 300mm~600mm，层间距离不宜小于 250mm。桥架层间净距应考虑接头盒安装位置和盘纤空间。

4.4 平面设计

4.4.1 综合管廊平面位置应根据道路横断面、地下管线和地下空间利用情况确定，并应与相邻建筑、河道、轨道、桥梁以及其他地下设施相协调。

4.4.2 综合管廊布置应符合下列规定：

1 干线管廊宜布置在机动车道或道路绿化带下。

2 干支混合管廊和支线管廊宜布置在道路绿化带、人行道或非机动车道下。

3 缆线管廊宜布置在人行道下；当采用组合排管缆线管廊时，可布置在非机动车道或绿化带下。

4 管廊外露节点宜布置在道路绿化带或人行道区域。

5 顶管管廊平面布置应符合本标准第 6.6.1 条规定。

4.4.3 综合管廊与相邻地下管线及地下构筑物的最小净距应满足表 4.4.3 的要求。

表 4.4.3 综合管廊与相邻地下管线及地下构筑物的最小净距

施工方法	明挖施工	顶管、盾构施工
综合管廊与地下构筑物水平净距	1.0m	综合管廊外径或外侧高度
综合管廊与地下管线水平净距	1.0m	综合管廊外径或外侧高度

4.4.4 综合管廊最小转弯半径应满足管廊内各种管线及检修车转弯半径的要求。

4.4.5 含热力管道的管廊不宜设置弧形段。

4.4.6 天然气管道舱室与周边建（构）筑物间距应符合现行国家标准《城镇燃气设计规范》GB 50028 的有关规定。

4.4.7 综合管廊节点不宜设置在管廊折角位置处。

4.5 纵向设计

4.5.1 综合管廊与地下公共人行通道竖向交叉时，管廊宜布置在地下公共人行通道的下方。

4.5.2 综合管廊与地下轨道交通车站的出入口通道竖向交叉时，在满足车站使用功能的前提下，管廊宜布置在上方。

4.5.3 综合管廊的节点井、分支口、端部井、管廊交叉口等连接部位竖向空间设计，应满足该处各种管线转弯半径的要求。

4.5.4 综合管廊的覆土厚度应根据地下设施竖向综合规划、管廊位置、行车荷载、绿化种植、冻土深度及地下水位高度等因素综合确定，并应满足管廊顶部设置吊装口、通风口等节点的要求，且应符合下列规定：

1 干线、干支混合管廊覆土厚度不宜小于 2.5m；

2 支线管廊覆土厚度不宜小于 2.0m；

3 缆线管廊宜浅埋；

4 顶管管廊覆土厚度应符合本标准第 6.6.2 条的规定；

5 盾构管廊覆土厚度应符合本标准第 6.7.3 条的规定。

4.5.5 综合管廊与相邻地下管线垂直净距应符合下列规定：

1 当采用明挖法施工时，不应小于 0.5m；

2 当采用顶管或盾构法施工时，不应小于 1.0m。

4.5.6 当综合管廊与河道交叉时宜垂直交叉，穿越河道时应选择在河床稳定的河段，最小覆土深度应满足河道整治、抗冲刷和安全运行的要求，并应符合下列规定：

1 对于Ⅰ～Ⅴ级航道，管廊顶部高程应在远期规划航道底高程 2.0m 以下；

2 对于Ⅵ、Ⅶ级航道，管廊顶部高程应在远期规划航道底高程 1.0m 以下；

3 对于其他河道，管廊顶部高程应在河道底设计高程 1.0m 以下。

4.5.7 综合管廊纵向坡度宜与所在道路的纵向坡度一致，且不宜小于 0.2%；当有检修车通道时，纵向坡度需考虑检修车通行要求；管廊纵向坡度超过 10%时，应在人员通道部位设防滑地坪或台阶。

4.5.8 顶管及盾构管廊纵向坡度应满足相关施工工艺、检修、运输等要求。

4.5.9 综合管廊与管道交叉时，宜选择管道避让管廊的措施。

4.6 节点设计

4.6.1 综合管廊的人员出入口、逃生口、吊装口、进风口、排风口等节点露出地面的设施应满足城市防洪及防涝要求，并应采取防止地面水倒灌及小动物进入的措施。

4.6.2 综合管廊人员出入口宜与吊装口、通风口结合设置，且不应少于 2 个，并应符合下列规定：

1 人员出入口应结合综合管廊系统布局设置，直接出地面出入口间距不宜大于 3.0km；

2 人员出入口应采用楼梯步道通向地面，楼梯宽度不宜小于 1.1m；

3 人员出入口区域的管廊舱内宽度应采取加宽方式，管廊截面变化处应满足各类管线转弯半径的要求。

4.6.3 干线、干支混合、支线管廊逃生口应与吊装口、通风口结合设置，并应符合下列规定：

1 敷设电力电缆的舱室，逃生口间距不宜大于 200m。

2 敷设天然气管道的舱室，逃生口间距不宜大于 200m。

3 敷设热力管道舱室，逃生口间距不应大于 400m；当热力管道采用蒸汽介质时，逃生口间距不应大于100m。

4 敷设其他管道的舱室逃生口间距不宜大于400m。

5 直接出地面的逃生口间距对于开挖施工管廊不宜大于600m，对于非开挖施工管廊不宜大于1200m。

6 逃生口尺寸不应小于1.0m×1.0m，当为圆形时，内径不应小于1.0m，并应设置楼梯或爬梯。

7 逃生口高度超过4.0m时宜设置平台，当不能设置平台时应采取防坠落措施。

8 舱内通向逃生夹层的孔口上部，应设置便于快速攀爬逃生的扶手，并应与防人员坠落护栏设施结合设置。

4.6.4 干线、干支混合、支线管廊吊装口的最大间距不宜超过400m。吊装口净尺寸应满足管线、设备、人员进出的要求，并应符合下列规定：

1 当埋置深度满足相应管线、缆线回转空间的要求时，吊装口可设计为变口径方式；

2 双舱或多舱合并吊装口且有防火要求时，各舱室内吊装口口部应采取防火盖板、防火沙袋等防火分隔措施；

3 采用多舱共用出地面吊装口型式时，转换夹层内应增加辅助吊装设施；

4 夹层吊装口口部边缘应设置可拆卸防护设施。

4.6.5 干线管廊、干支混合管廊、支线管廊的进风口及排风口的净尺寸应满足通风设备进出的最小尺寸要求或单独设置风机设备吊装口。

4.6.6 天然气管道舱室的排风口与其他舱室排风口、进风口、人员出入口以及周边建（构）筑物口部距离不应小于10m。天然气管道舱室的各类孔口应单独设置，不得与其他舱室连通。

4.6.7 露出地面的逃生口盖板应配有易于人力内部开启、外部非专业人员难以开启的安全装置，且盖板宜具有远程开启功能。

4.6.8 各类出地面口部节点等设施应设置在绿化带、道路设施带中，并应符合下列规定：

1 出地面设施高度大于 1.0m 时，不得进入道路路口三角视距内。

2 出地面设施设置在道路设施带中时，设施边缘距离行车道应满足道路规范关于安全带宽度的要求。

3 对地上功能、景观无影响的吊装口宜采用出地面设置，盖板应具有防水和防侵入功能；不具备出地面条件时，吊装口宜防水封闭设置于地下。

4 出地面设施宜采取绿化消隐等措施。

4.6.9 盾构或顶管管廊的人员出入口、逃生口、吊装口、通风口等口部应集约布置，并应与盾构或顶管的始发井和接收井相结合。

4.6.10 管线分支口应符合下列规定：

1 新建道路的管线分支口应按照远期规划需求进行预留。旧城改造及市政道路改扩建的管线分支口，应兼顾现状管线的支管及现状用户需求。

2 管线分支口应满足管廊内各种管线进出的空间需求和管线自身安装检修的要求。

3 与管线分支口相接的廊外管线的穿墙保护套管应同步设计。

4 引出管廊的分支管线应满足管线最小覆土厚度以及冻土深度的要求。

4.6.11 综合管廊各类节点井内竖向布置的管线应设置管线支架，管廊内各类平台爬梯顶部应设置扶手或栏杆。

4.6.12 天然气舱室应根据天然气管道的补偿装置设置舱室扩大段，舱室扩大段宜结合其他节点设置。

4.6.13 综合管廊交叉节点应符合下列规定：

1 交叉节点处不应影响各自舱室内管线检修、运输的通畅性；

2 交叉节点处可根据实际条件考虑人员互通，各舱室防火分区应具有独立性。

4.6.14 地下式变配电所与综合管廊合建时，宜设置在综合管廊上方。

4.6.15 廊内管线与廊外管线连接处应采取防水密封和防止差异沉降影响的措施。

4.7 监控中心设计

4.7.1 综合管廊监控中心应满足管廊运行维护、城市管理和应急处置的需要，并应符合下列规定：

1 应结合城市规模、管廊规模、系统布局及管理模式，因地制宜布置监控中心；

2 监控中心宜靠近综合管廊；

3 监控中心宜与邻近公共建筑合建，建筑面积应考虑未来发展需求。

4.7.2 综合管廊监控中心的层级宜分为城市级、区域级（或组团级）和项目级，不同层级监控中心可合并设置。

4.7.3 监控中心用房宜根据工作运行、设备配置、维护及管理的要求，由控制区、设备区、辅助区等组成，并应符合下列规定：

1 控制区面积不应小于 $20m^2$；

2 设备区面积应符合国家标准《城镇综合管廊监控与报警系统工程技术标准》GB/T 51274—2017 附录 A 的规定；

3 辅助区面积宜根据管廊运行办公管理需求确定。

4.7.4 监控中心地上建筑的耐火等级不应低于二级，地下部分耐火等级不应低于一级。防火和灭火系统以及消防控制室布置应符合现行国家标准《建筑设计防火规范》GB 50016 的有关要求。

4.7.5 监控中心应设置视频监控系统和出入口控制（安防）系统。

4.7.6 容错系统中相互备用的设备应布置在不同的物理隔间内，相互备用的缆线宜沿不同路径敷设。

4.7.7 主机房内通道设置、通道宽度、设备之间的距离应符合下列规定：

1 用于搬运设备的通道净宽不应小于1.5m。

2 面对面布置的机柜（架）正面之间的净距不宜小于1.2m。

3 背对背布置的机柜（架）背面之间的净距不宜小于0.8m。

4 当需要在机柜（架）侧面和后面维修测试时，机柜（架）与机柜（架）、机柜（架）与墙之间的净距不宜小于1.0m，局部可为0.8m。

5 成行排列的机柜（架）长度超过6m时，两端应设有通道；当两个通道之间的距离超过15m时，在两个通道之间还应增加通道。

4.7.8 监控中心防静电设计应符合现行国家标准《电子工程防静电设计规范》GB 50611的有关规定。主机房地面防静电活动地板的高度应符合下列规定：

1 活动地板下的空间只作为电缆布线使用时，地板高度不宜小于250mm；

2 活动地板下的空间既作为电缆布线，又作为空调静压箱时，地板高度不宜小于500mm。

5 管线设计

5.1 一般规定

5.1.1 入廊管线设计应以综合管廊总体设计为依据并协调一致。

5.1.2 综合管廊内的金属管道及支吊架应进行防腐设计。

5.1.3 压力管道进出管廊时，应在管廊外部设置阀门及阀门井。管廊两端与廊外管线相接位置宜设置端头井。

5.1.4 天然气管道、蒸汽管道和垃圾气力输送管道应进行抗浮设计。

5.1.5 天然气管道、热力管道和垃圾气力输送管道的支架结构荷载、支架间距计算应符合现行国家标准《压力管道规范 公用管道》GB/T 38942 的有关规定。

5.1.6 管道和缆线支吊架的抗震设计应符合现行国家标准《建筑机电工程抗震设计规范》GB 50981 和《通信设备安装工程抗震设计标准》GB 51369 的有关规定。

5.1.7 管道和缆线穿过管廊内墙、防火隔墙和廊内楼板时，应采用防火封堵措施。防火封堵的材料应符合现行国家标准《防火封堵材料》GB 23864 的有关规定，防火封堵的要求应符合国家现行标准《建筑防火封堵应用技术标准》GB/T 51410 和《电力工程电缆防火封堵施工工艺导则》DL/T 5707 的有关规定。

5.1.8 管道穿过管廊外墙时应设置套管，穿管与套管间的缝隙内应填充柔性材料；当穿墙管道与外墙嵌固时，应在管道上就近设置柔性连接。

5.2 给水、再生水管道

5.2.1 给水、再生水管道设计应符合现行国家标准《室外给水设计标准》GB 50013 和《城镇污水再生利用工程设计规范》GB

50335 的有关规定。

5.2.2 给水及再生水管道可选用钢管、球墨铸铁管、化学材料或复合材料管等，并应符合下列规定：

1 钢管应符合现行国家标准《低压流体输送用焊接钢管》GB/T 3091 的有关规定；

2 球墨铸铁管应符合现行国家标准《水及燃气用球墨铸铁管、管件和附件》GB/T 13295 的有关规定；

3 采用化学材料及复合材料制成管道应符合国家现行相关产品标准的有关规定；

4 与电力电缆同舱时，管道应采用不燃或难燃材料。

5.2.3 给水、再生水管道接口为柔性连接时应有抗拉脱稳定措施。

5.2.4 管道结构设计应符合现行国家标准《给水排水工程管道结构设计规范》GB 50332 的有关规定，支墩间距应符合下列规定：

1 钢管支墩最大间距可按表 5.2.4 选取；

2 球墨铸铁管每节应设置 2 个支墩；

3 化学材料或复合材料管道应根据管道的刚度条件计算确定。

表 5.2.4 钢管支墩最大间距（m）

管座支承全角	跨度	公称直径				
		*DN*200～*DN*250	*DN*300～*DN*900	*DN*1000～*DN*1200	*DN*1400	*DN*1600
120°	边跨跨度	6.0	8.0	8.0	8.0	10.0
	中跨跨度	8.0	10.0	10.0	10.0	12.0
180°	边跨跨度	6.0	8.0	10.0	12.0	12.0
	中跨跨度	8.0	10.0	12.0	14.0	14.0

注：计算工作温差 25℃，工作压力 0.6MPa。

5.2.5 金属管道内外防腐应在工厂内完成，焊接连接的钢管公称直径不宜小于 *DN*800。

5.2.6 应结合管廊的平面及纵向布置，以及弯头角度、弯折段长度、温差等因素布置管道的固定支墩、滑动支墩；焊接连接钢管宜设置补偿器。

5.2.7 管道与滑动支座之间应设置弹性材料垫板，并宜采取侧向限位措施。

5.2.8 给水、再生水管道应采取消减水锤的措施。

5.2.9 给水及再生水管道的阀门设置应符合下列规定：

1 两个分支管之间的干管上应设置阀门；

2 干管上分段阀门间距不宜大于600m；

3 分支管上应设置阀门；

4 公称直径大于或等于 *DN*300 时宜采用蝶阀。

5.2.10 给水、再生水管道应设置事故检修泄水装置，泄水装置应靠近管廊的集水坑布置。

5.2.11 严寒地区管廊通风口处的给水及再生水管道宜进行保温设计。

5.3 排水管道（渠）

5.3.1 排水管道（渠）的设计应符合现行国家标准《室外排水设计标准》GB 50014 的有关规定。

5.3.2 雨水及污水管道可选用钢管、球墨铸铁管、化学材料或复合材料管等，并应符合下列规定：

1 钢管应符合现行国家标准《低压流体输送用焊接钢管》GB/T 3091 的有关规定；

2 球墨铸铁管应符合现行国家标准《污水用球墨铸铁管、管件和附件》GB/T 26081 的有关规定；

3 化学材料或复合材料管应符合国家现行相关产品标准的有关规定；

4 与电力电缆同舱时，管道应采用不燃或难燃材料。

5.3.3 利用管廊结构本体排除雨水时，雨水舱结构空间应独立和严密，并应采取防止雨水下游倒灌、渗漏至其他舱室的措施。

5.3.4 雨水、污水管道系统应严格密闭。

5.3.5 排水管道（渠）进入管廊前应设置检修闸门或闸槽。

5.3.6 雨水、污水管道采用金属管道时应采取防腐措施。

5.3.7 雨水、污水管道与检查井之间宜采用刚性连接；管道之间采用柔性连接时，应有抗拉脱稳定措施。

5.3.8 雨水、污水管道的结构设计应符合现行国家标准《给水排水工程管道结构设计规范》GB 50332 的有关规定，管道支墩间距按本标准第 5.2.4 条的规定执行。

5.3.9 重力流雨水、污水管道应考虑外部排水系统水位变化、冲击负荷等情况对廊内管道运行安全的影响。并宜在廊外上、下游雨水系统设置溢流或调蓄设施。

5.3.10 排水管道（渠）检查井位置或检查口的间距应根据当地排水管渠检修、疏通设施及管理水平确定，并应符合现行国家标准《室外排水设计标准》GB 50014 的有关规定。

5.3.11 雨水、污水管道的通气装置应直接引至管廊外部安全空间，并应与周边环境相协调。

5.4 天然气管道

5.4.1 天然气质量指标应符合现行国家标准《城镇燃气设计规范》GB 50028 的有关规定。

5.4.2 天然气管道应采用无缝钢管或直缝埋弧焊接钢管，钢管应符合现行国家标准《输送流体用无缝钢管》GB/T 8163 和《石油天然气工业 管线输送系统用钢管》GB/T 9711 的有关规定，钢管规范水平不应低于 PSL2。

5.4.3 天然气管道壁厚应符合下列规定：

1 压力不大于 1.6MPa 的天然气管道最小公称壁厚不应小于表 5.4.3 中的规定；

2 压力大于 1.6MPa 的天然气管道壁厚应按现行国家标准《城镇燃气设计规范》GB 50028 计算确定，强度系数可取 0.4。

表 5.4.3 天然气管道最小公称壁厚（mm）

公称直径 *DN*	最小公称壁厚
*DN*150	4.0
*DN*200～*DN*300	4.8
*DN*350～*DN*450	5.2
*DN*500～*DN*550	6.4
*DN*600～*DN*700	7.1
*DN*750～*DN*900	7.9

5.4.4 天然气管道的管件应根据直管壁厚与相应的壁厚增大系数确定，并应考虑管件加工导致的偏差。其性能应符合现行国家标准《钢制对焊管件 类型与参数》GB/T 12459 和《钢制对焊管件 技术规范》GB/T 13401 的有关规定。

5.4.5 天然气管道的管件和阀门应按管道设计压力提高一个压力等级选用。

5.4.6 天然气系统中的过滤、调压、计量等工艺装置不得设置在管廊内。

5.4.7 天然气管道之间以及管道与管件、阀门之间的连接应采用焊接连接。

5.4.8 天然气管道应进行外防腐，防腐性能应满足管廊环境下管道全寿命周期安全要求。

5.4.9 天然气管道应考虑温度应力的影响，管道宜采用自然补偿或设置方形补偿器补偿。

5.4.10 当天然气管道穿过廊内防火隔墙时，应设置钢质套管，并应符合下列规定：

1 套管内径应比天然气管道外径大 100mm 以上；

2 套管应与天然气管道同轴；

3 套管两侧伸出防火墙体端面 100mm 以上；

4 套管与天然气管道之间的间隙应采用性能良好的难燃、防腐、防水材料填实密封。

5.4.11 天然气管道进出管廊时应设置具有远程开/关控制功能的紧急切断阀。

5.4.12 天然气管道分段阀宜设置在管廊外部。当在廊内设置分段阀门时，应采用带远程开/关控制功能的全焊接切断阀门。

5.4.13 天然气管道放散管设置应符合现行国家标准《城镇燃气设计规范》GB 50028 的有关规定，并应符合下列规定：

1 放散管排放口不得设置在管廊内；

2 放散管直径不应小于放散管出口直径，管路总压力损失不应大于安全阀开启压力的 10%；

3 放散管的放散阀前应装设取样阀及管接头；

4 放散管应采取阻火、防雨、防堵塞措施，且满足防雷、接地等要求；

5 放散管管径应满足在 15min 内将放散管段内压力降到最大运行压力的 50%，且满足置换要求。

5.5 热 力 管 道

5.5.1 热力管道设计应符合现行行业标准《城镇供热管网设计标准》CJJ/T 34 和《城镇供热管网结构设计规范》CJJ 105 的有关规定。

5.5.2 热力管道应采用无缝钢管或埋弧焊接钢管，钢管应符合现行国家标准《输送流体用无缝钢管》GB/T 8163、《石油天然气工业 管线输送系统用钢管》GB/T 9711 和《低压流体输送用焊接钢管》GB/T 3091 的有关规定。

5.5.3 管道、管件及附件均应保温，保温结构的表面温度不应超过 50℃。保温设计应符合现行国家标准《工业设备及管道绝热工程设计规范》GB 50264 的有关规定。

5.5.4 当同舱敷设的其他管线有正常运行所需环境温度限制要求时，应按舱内温度限定条件校核保温层厚度。

5.5.5 保温材料应采用不燃或难燃材料。热力管道和管件应采用预制保温管及预制保温管件，并应符合下列规定：

1 热水管道宜采用硬质聚氨酯保温和金属外护管的结构；

2 蒸汽管道宜采用无机材料与硬质聚氨酯复合保温和金属外护管的结构。

5.5.6 热力管道连接应符合下列规定：

1 管道、管件、补偿器、阀门等之间的连接应采用焊接；

2 当阀门等管路附件需要拆卸时，可采用法兰连接；

3 放气阀、泄水阀宜采用法兰连接，公称直径小于或等于 *DN*25 的放气阀，可采用螺纹连接。

5.5.7 管道保温结构下表面距管廊地面的净距不宜小于300mm。

5.5.8 当热力管道采用蒸汽介质时，疏水装置排放管应引至管廊外部安全空间，并应与周边环境相协调。

5.5.9 热水管道的高点应设置放气装置，低点应设置泄水装置，泄水管应引至管廊外部安全空间。

5.5.10 蒸汽管道的低位点和垂直升高的管段前应设启动疏水和经常疏水装置。同一坡向的管段启动疏水和经常疏水装置，顺坡时的间距宜为400m~500m，逆坡时的间距宜为200m~300m。

5.5.11 阀门的选择和设置应符合下列规定：

1 热水管道干线应装设分段阀门，输送干线分段阀门的间距宜为2000m~3000m，输配干线分段阀门的间距宜为1000m~1500m；

2 热力管道应采用钢制阀门；

3 热水管道的关断阀和分段阀均应采用双向密封阀门；

4 热水管道的放气阀和泄水阀应采用球阀。

5.5.12 补偿器选择和设置应符合下列规定：

1 补偿器的设计压力不得低于管道设计压力；

2 管道系统设计时应考虑补偿器安装时的冷紧；

3 采用套筒补偿器时，补偿器应留有不小于 50mm 的补偿余量。套筒补偿器应符合现行行业标准《城镇供热管道用焊制套筒补偿器》CJ/T 487 的有关规定；

4 波纹管补偿器应符合现行国家标准《金属波纹管膨胀节

通用技术条件》GB/T 12777 的有关规定；

5 当综合管廊主体结构形式不利于承受管道轴向推力时，宜采用压力平衡式补偿器。

5.5.13 热力管道滑动支座的结构型式选择应符合下列规定：

1 蒸汽管道和公称直径小于或等于 *DN*800 的热水管道，当采用硬质聚氨酯保温材料时，滑动支座应采用将外护管整体包裹的管夹式结构；

2 公称直径大于或等于 *DN*900 的热水管道，滑动支座应采用管托与工作管直接焊接的结构型式；

3 与工作管连接的支座和管托，应采取隔热措施。

5.5.14 热力管道支架设计应符合下列规定：

1 管道支吊架应符合现行国家标准《管道支吊架 第1部分：技术规范》GB/T 17116.1、《管道支吊架 第2部分：管道连接部件》GB/T 17116.2、《管道支吊架 第3部分：中间连接件和建筑结构连接件》GB/T 17116.3 的有关规定。

2 管道支架的推力合成计算应符合现行行业标准《城镇供热管网设计标准》CJJ/T 34 的规定。

3 导向支座、滑动支座的设计载荷应考虑相邻支座失效，支座临时应能承受1.5倍正常运行重力荷载。

4 管道活动支座宜采用滚动支座或使用减摩材料的滑动支座，其摩擦系数可按表5.5.14取值。

表 5.5.14 摩擦系数

摩擦形式	摩擦系数 μ
钢与钢滑动摩擦	0.30
钢与聚四氟乙烯板之间	0.20
聚四氟乙烯之间	0.10
不锈钢(镜面)与聚四氟乙烯板之间	0.05~0.07
钢表面的滚动摩擦	0.10

5 管道采用轴向型补偿器时，管道上应安装防止管道偏心、

受扭的导向支座。导向支座间距应按现行国家标准《金属波纹管膨胀节通用技术条件》GB/T 12777 计算确定。

5.6 垃圾气力输送管道

5.6.1 垃圾气力输送管道应采用负压输送方式，管道应按接受外压设计，设计压力应根据输送垃圾特性通过计算确定。

5.6.2 垃圾气力输送管道宜采用螺旋缝、直缝或无缝钢管，钢管应符合现行国家标准《低压流体输送用焊接钢管》GB/T 3091、《输送流体用无缝钢管》GB/T 8163 的有关规定。

5.6.3 垃圾气力输送管道连接应符合下列规定：

1 管道、管件之间应采用焊接连接；

2 管道与分段阀连接宜采用法兰连接；

3 不同壁厚管道连接应采用管内底平接方式。

5.6.4 垃圾气力输送管道布置应符合下列规定：

1 干管纵坡不宜超过10°；

2 顺坡和逆坡之间应设置长度不小于 10m 的水平连接管线；

3 当支管与主管连接时，应采用水平连接或自上而下的连接方式；

4 弯头或弯管的弯曲半径不应小于 $3D$；

5 弯头或弯管的壁厚应大于直管段壁厚；

6 三通主管和支管夹角不宜大于 30°。

5.6.5 垃圾气力输送管道检修口应符合下列规定：

1 直管段检修口间距不宜大于 100m；

2 在弯头、三通等管件下游位置 2.0m 处应设置检修口；

3 检修口上方净空不宜小于 400mm，其方向朝上或斜向上，与水平线的角度不应小于 45°。

5.6.6 当分支管线垃圾输送量大于 2.5t/d 时，在主干线上应设置分段阀门。

5.6.7 垃圾气力输送管道应进行防腐设计，防腐性能应满足管道全寿命周期及管廊环境要求。

5.7 电力电缆

5.7.1 电力电缆的选型应符合下列规定：

1 110（66）kV 及以上电压等级电缆应选用铜导体材质，其他电压等级电缆可选用铜、铝或铝合金导体材质；

2 电缆导体结构和性能参数应符合现行国家标准《电工圆铜线》GB/T 3953、《电工圆铝线》GB/T 3955、《电缆的导体》GB/T 3956 和《电缆导体用铝合金线》GB/T 30552 的有关规定；

3 电缆应选用交联聚乙烯或无卤绝缘外护套，不得选用自容式充油电缆；

4 110（66）kV 及以上电压等级应选用单芯电缆；35kV 及以下电压等级可选用三芯电缆或者单芯电缆；

5 应选用阻燃电缆，其成束阻燃性能不应低于国家标准《阻燃和耐火电线电缆或光缆通则》GB/T 19666—2019 规定的阻燃 C 类电缆。

5.7.2 电力电缆接头应符合下列规定：

1 110（66）kV 及以上电压等级电缆接头宜选用整体预制式，35kV 及以下电压等级电缆接头应选用冷缩式；

2 在高落差地段的电缆舱内，电缆接头不宜设置在纵向坡度大于 15°的倾斜位置处；

3 电缆的接头型式和绝缘特性应符合现行国家标准《电力工程电缆设计标准》GB 50217 的有关规定。

5.7.3 交流单芯电力电缆金属套上任一非直接接地端正常感应电势、外护层绝缘等部位过电压保护设置应符合现行国家标准《电力工程电缆设计标准》GB 50217 的有关规定。

5.7.4 电力电缆可采用单点直接接地、交叉互联接地等方式，并应符合下列规定：

1 当 110（66）kV 及以上电压等级单芯电缆采用单点直接接地时，下列任一情况下，应沿电缆邻近位置设置平行回流线：

1）系统短路时电缆金属套产生的工频感应电压超过电缆护套绝缘耐受强度或护层电压限制器的工频耐压时；

2）需抑制电缆对邻近弱电线路的电气干扰强度。

2 当采用交叉互联接地时，宜选用分段交叉互联方式。

5.7.5 电力电缆护层电压限制器的参数选择和配置连接应符合现行国家标准《电力工程电缆设计标准》GB 50217 的有关规定。限制器持续运行电压的选择应符合现行国家标准《交流金属氧化物避雷器选择和使用导则》GB/T 28547 的有关规定。

5.7.6 电力电缆系统的接地应符合下列规定：

1 电缆应采用中性点有效接地方式；

2 电缆舱内金属支架、金属管道和电气设备金属外壳均应接地；

3 邻近电缆敷设的金属管道应考虑电缆短路引起工频过电压的影响，间隔一定距离应做接地处理；

4 电缆金属套、屏蔽层应按电缆接地方式要求接地；

5 电缆系统应设置专用的接地汇流排或接地干线；且应在不同的两点及以上就近与管廊接地网相连接；

6 电缆接头、接地箱接地应以独立的接地线与专用接地汇流排或接地干线可靠连接；

7 电缆接地箱防护等级应达到 IP68，铜排截面积不得低于对应接地线或交叉互联线截面积。

5.7.7 电力电缆舱内电缆最小弯曲半径不宜小于表 5.7.7 的规定。

5.7.8 电力电缆普通支架（臂式支架）、吊架的跨距应符合表 5.7.8 的规定。

5.7.9 电力电缆支架的设计应符合下列规定：

1 支架机械强度应满足电缆及其附件荷重、施工作业时附加荷重、运行中动荷载的要求，并留有足够裕度；

表 5.7.7 电力电缆最小弯曲半径

项目	35kV 及以下电缆				110(66)kV 及以上电缆
	单芯电缆		三芯电缆		
	无铠装	有铠装	无铠装	有铠装	
敷设时	20*D*	15*D*	15*D*	12*D*	20*D*
运行时	15*D*	12*D*	12*D*	10*D*	15*D*

注：*D* 为电力电缆标称外径。

表 5.7.8 普通支架（臂式支架）、吊架的跨距（mm）

电缆类型	敷设方式	
	水平	垂直
未含金属套、铠装的全塑小截面电缆	400*	1000
除上述情况外的中、低压电缆	800	1500
35kV 及以上高压电缆	1500	3000

注：* 能维持电缆较平直时，该值可增加 1 倍。

2 支架可采用金属材料或断裂率低的复合材料，当采用金属材料时，应采取防腐措施并可靠接地；

3 支架不得采用易燃材料制作；

4 工作电流大于 1500A 的交流系统单芯电力电缆，宜选用非磁性材料支架；

5 电缆支架长度除应满足电缆敷设方式和固定装置的要求外，还应在电缆弯曲、水平蛇形和温度升高产生变形量基础上增加 50mm～100mm；

6 水平电缆支架在安装前，宜根据计算挠度及安装可能产生的误差，设置预起拱值及预偏量；

7 同一电压等级的电缆宜采用同一尺寸的支架。

5.7.10 电力电缆在敷设中产生各种弯曲时的牵引力和侧压力应按现行行业标准《城市电力电缆线路设计技术规定》DL/T 5221 的规定计算。

5.7.11 110（66）kV 及以上电压等级单芯电缆的蛇形敷设节距和弧幅应符合现行行业标准《城市电力电缆线路设计技术规

定》DL/T 5221 的有关规定。

5.7.12 交流单芯电力电缆固定部件的抗张强度应按短路电动力条件进行验算，并应满足式（5.7.12-1）要求。对于矩形断面夹具，可按式（5.7.12-2）计算。

$$F \geqslant \frac{2.05 i^2 L k}{D} \times 10^{-7} \tag{5.7.12-1}$$

$$F \geqslant b h \sigma \tag{5.7.12-2}$$

式中 F——夹具、维尼龙绳绑带等固定部件的抗张强度（N）；

i——流过电缆回路的最大短路电流峰值（A）；

D——电缆相间中心距离（m）；

L——固定电缆用夹具、绑带等的相邻跨距（m）；

k——安全裕度系数，取大于2；

b——矩形夹具厚度（mm）；

h——矩形夹具宽度（mm）；

σ——矩形夹具材料允许拉力（Pa），对于铝合金夹具取 80×10^6 Pa。

5.7.13 电力电缆的固定方式应符合下列规定：

1 在接头或转弯处紧邻部位，应设置不少于1处的刚性固定；

2 在舱室斜坡的高位侧，宜设置不少于2处的刚性固定；

3 当采用水平蛇形敷设或舱室纵向坡度大于10°时，应在每个蛇形弧幅弯曲部位和靠近接头部位设置刚性固定；

4 当采用垂直蛇形敷设且舱室纵向坡度不大于10°时，应在每隔5~6个蛇形弧幅弯曲部位和靠近接头部位设置刚性固定，其余部位可采用挠性固定；

5 垂直敷设电力电缆固定方式应符合现行行业标准《城市电力电缆线路设计技术规定》DL/T 5221 的有关规定。

5.7.14 电力电缆的敷设应采取下列防火措施：

1 低压配电电缆、控制电缆等应穿入阻燃管或采取其他防火隔离措施。

2 电缆穿过防火墙、进出舱室预留孔等处应采用防火材料进行封堵。防火封堵材料应密实无气孔，厚度不应小于100mm。

3 110（66）kV及以上电压等级电缆接头宜采用防火槽盒、防火隔板、防火毯和防爆壳等防火防爆隔离措施。

4 电缆接头和防火门两侧各3m区域及其范围内邻近并行敷设的其他电缆，宜采用阻止延燃措施。

5 向同一变电站供电的110（66）kV及以上电压等级多回电缆并行敷设时，接头的位置宜相互错开。

5.8 通信线缆

5.8.1 通信线缆布线应采用桥架形式，并应符合国家现行标准《通信线路工程设计规范》GB 51158、《综合布线系统工程设计规范》GB 50311和《光缆进线室设计规定》YD/T 5151的有关规定。

5.8.2 通信线缆应采用阻燃线缆。

5.8.3 通信线缆桥架选择和布置应符合下列规定：

1 线缆桥架宜采用梯型桥架，宜选用耐腐蚀金属材料或断裂率低的复合材料，并应采用阻燃材料；

2 线缆桥架和支架机械强度应满足通信线缆及其附件荷重、施工检修作业时附加荷重、运行中动荷载的要求；

3 线缆桥架和支架金属构件、金属管道和电气设备金属外壳等均应与管廊接地网连通，线缆桥架拼接处应采取可靠接地；

4 线缆桥架在穿越综合管廊结构变形缝时，应预留补偿余量。

5.8.4 通信光缆最小弯曲半径应符合表5.8.4的规定。

5.8.5 通信线缆敷设安装增长或预留长度宜符合表5.8.5的规定。

5.8.6 光缆接头盒宜采用保护托架或其他方法承托，并应固定牢靠。光缆接续应符合现行国家标准《通信线路工程设计规范》GB 51158的有关规定。

表 5.8.4 光缆最小弯曲半径

光缆护套型式	Y型、A型、S型、W型		A型、S型、金属护套
光缆外护层型式	无外护层或04型	53型、54型、33型、34型、63型	333型、43型
静态弯曲时	10*D*	12.5*D*	15*D*
动态弯曲时	20*D*	25*D*	30*D*

注：*D* 为光缆外径。

表 5.8.5 通信线缆增长或预留长度

接头每侧预留长度	5m~10m
弯曲增长	5‰~10‰
局站内每侧预留	10m~20m，可按实际需要调整
其他情况导致的预留	按实际需要

5.8.7 通信线缆的防护应符合下列规定：

1 电缆线路及有金属构件的光缆线路，当其与高压电力线路平行或与强电设施接近时，应考虑强电设施由电磁感应、地电位升高等因素在光（电）缆金属线对和构件上的危险影响，并应采取有效的防护措施；

2 出入综合管廊时，光（电）缆内的金属护层和金属构件应做防雷接地，并应就近接地或与地网连接；

3 光缆接头处两侧金属构件不应做电气连接。

5.9 管线监控

5.9.1 入廊管线应根据城市管线入廊段的特点进行专项管线监控设计，管线监控系统应符合现行国家标准《城镇综合管廊监控与报警系统工程技术标准》GB/T 51274 的有关规定，并应满足下列规定：

1 应通过标准通信接口接入智慧管理平台；

2 通信接口应具有通用性、兼容性和可扩性；

3 管线的安全信息、预警和报警机制、应急控制方式应与智慧管理平台共享；

4 应具有对监测数据存储及分析的功能。

5.9.2 热力管道泄漏监测和报警监控系统应符合下列规定：

1 应设置系统自身诊断功能，对关键设备应采用冗余技术；

2 应具备实时报警及定位的功能；

3 组网方式应支持云端服务器组网或用户独立组网；

4 测量数据应生成管道温度数据，并应标定在管网工程图上，以可视化形式展示。

5.9.3 110（66）kV及以上电压等级电力电缆应配置接地环流、温度等在线监测系统，接头处宜配置局部放电在线监测系统，并应符合现行行业标准《高压交流电缆在线监测系统通用技术规范》DL/T 1506的有关规定。

6 结构设计

6.1 一般规定

6.1.1 综合管廊的结构工程设计应采用以概率理论为基础的极限状态设计方法，应以可靠指标度量结构构件的可靠度。除验算整体稳定外，均应采用含分项系数的设计表达式进行设计。

6.1.2 综合管廊结构应进行承载能力极限状态计算和正常使用极限状态验算。

6.1.3 综合管廊的结构设计工作年限应为100年。监控中心与管廊相连的地下室的结构设计工作年限不应低于100年，监控中心其他主体结构设计工作年限不应低于50年。

6.1.4 综合管廊及监控中心结构安全等级应为一级，结构中主要构件的安全等级应与整个结构的安全等级相同，其他构件的安全等级宜与整个结构的安全等级相同。

6.1.5 综合管廊钢筋混凝土结构构件的裂缝控制等级应为三级，结构构件的最大裂缝宽度限值不应大于0.2mm，且不得贯通。预应力混凝土结构构件的裂缝控制等级应根据结构环境类别确定，不宜低于二级。

6.1.6 综合管廊结构应根据设计使用年限和环境类别进行耐久性设计，并应符合现行国家标准《混凝土结构耐久性设计标准》GB/T 50476的有关规定。

6.1.7 综合管廊应根据气候条件、水文地质状况、结构特点、施工方法和使用条件等因素进行防水设计，防水等级标准不应低于二级，并满足结构的安全、耐久性和使用要求。变形缝、施工缝和预制构件接缝等部位应加强防水和防火措施。

6.1.8 对埋设在历史最高水位以下的综合管廊，应根据设计条件计算结构的抗浮稳定。计算时不应计入管廊内管线和设备的自重，其他各项作用均取标准值，抗浮稳定性抗力系数不应低于1.05。抗浮设计水位的确定应按现行行业标准《建筑工程抗浮技术标准》JGJ 476执行。

6.1.9 综合管廊主体结构宜采用钢筋混凝土和预应力混凝土结构，可采用装配式钢结构。当经过论证后也可采用其他结构形式或材料。

6.1.10 地基基础设计应按现行国家标准《建筑地基基础设计规范》GB 50007有关规定执行。地基处理的设计应符合《建筑地基处理技术规范》JGJ 79的有关规定。天然地基及处理后的地基应满足管廊结构地基承载力、变形和稳定性要求。

6.1.11 基坑支护应保证基坑周边建（构）筑物、地下管线、道路的安全和正常使用，应保证主体地下结构的施工空间。支护结构、基坑周边建筑物和地面沉降、地下水控制的计算和验算应符合现行行业标准《建筑基坑支护技术规程》JGJ 120的有关规定。

6.1.12 基坑支护设计应根据支护结构类型、地质条件和地下水控制方法等，选择相应的基坑监测项目，并应根据支护结构构件、基坑周边环境的重要性及地质条件的复杂性确定监测点部位、监测频率和监测报警值，并应符合现行国家标准《建筑基坑工程监测技术标准》GB 50497的有关规定。

6.1.13 综合管廊沟槽回填应根据沟槽开挖形式、地面使用条件等提出回填材料及各部位压实要求，并满足现行国家标准《城市综合管廊工程技术规范》GB 50838的有关规定。

6.1.14 预制拼装管廊纵向节段的长度应根据节段吊装、运输、现场安装等过程的限制条件综合确定。

6.2 材 料

6.2.1 综合管廊工程中所使用的材料应根据结构类型、受力条件、使用要求和所处环境等选用，并应考虑耐久性、可靠性和经济性。钢筋混凝土结构主要材料宜采用高性能混凝土、高强钢筋。

6.2.2 管廊结构混凝土的最低强度等级应符合表6.2.2的规定。

表 6.2.2 管廊结构混凝土的最低强度等级

结构型式	混凝土最低强度等级
现浇钢筋混凝土结构	C30
预制钢筋混凝土结构	C40
预应力混凝土结构	C40
顶管混凝土结构	C50
盾构混凝土结构	C50

6.2.3 综合管廊钢筋混凝土结构地下工程部分宜采用自防水混凝土，设计抗渗等级应符合表6.2.3的规定。钢筋混凝土顶管管廊抗渗等级不宜低于P10。

表 6.2.3 防水混凝土设计抗渗等级

管廊埋置深度 H(m)	设计抗渗等级
$H<10$	P6
$10\leqslant H<20$	P8
$20\leqslant H<30$	P10
$H\geqslant30$	P12

6.2.4 用于防水混凝土的水泥应符合下列规定：

1 水泥品种应选用硅酸盐水泥、普通硅酸盐水泥，并应符合现行国家标准《通用硅酸盐水泥》GB 175或《中热硅酸盐水泥、低热硅酸盐水泥》GB/T 200的有关规定；

2 在受侵蚀性介质作用下，应按侵蚀性介质性质选用相应的水泥品种。

6.2.5 用于防水混凝土的砂、石应符合现行行业标准《普通混凝土用砂、石质量及检验方法标准》JGJ 52的有关规定。

6.2.6 防水混凝土中各类材料的氯离子含量和碱含量（Na_2O当量）应符合下列规定：

1 混凝土中氯离子含量不应超过胶凝材料总量的0.08%；

2 混凝土中碱含量不应超过3kg/m^3。

6.2.7 混凝土可根据工程需要掺入减水剂、膨胀剂、防水剂、密实剂、引气剂、复合型外加剂及水泥基渗透结晶型材料等，其品种和用量应经试验确定，所用外加剂的技术性能应满足国家现行标准的有关质量要求。当使用混凝土减缩剂时，其性能指标应符合现行行业标准《砂浆、混凝土减缩剂》JC/T 2361的规定。

6.2.8 混凝土拌合用水和养护用水应符合现行行业标准《混凝土用水标准》JGJ 63的有关规定。

6.2.9 严寒和寒冷地区外露的混凝土抗冻性能应符合现行国家标准《给水排水工程构筑物结构设计规范》GB 50069的有关规定。

6.2.10 混凝土可根据工程抗裂需要掺入合成纤维或钢纤维，纤维的品种及掺量应符合现行行业标准《纤维混凝土应用技术规程》JGJ/T 221和《钢纤维混凝土结构设计标准》JGJ/T 465的有关规定。

6.2.11 钢筋应符合现行国家标准《钢筋混凝土用钢 第1部分：热轧光圆钢筋》GB/T 1499.1、《钢筋混凝土用钢 第2部分：热轧带肋钢筋》GB/T 1499.2和《钢筋混凝土用余热处理钢筋》GB 13014的有关规定。纵向受力普通钢筋应采用HRB400、HRB500级钢筋，箍筋应采用HRB400、HPB300级钢筋。

6.2.12 预应力筋宜采用预应力钢绞线和预应力螺纹钢筋，并应符合现行国家标准《预应力混凝土用钢绞线》GB/T 5224和《预应力混凝土用螺纹钢筋》GB/T 20065的有关规定。

6.2.13 预制拼装管廊的连接螺栓应符合现行国家标准《钢结构设计标准》GB 50017的有关规定。

6.2.14 纤维增强塑料筋应符合现行国家标准《结构工程用纤维增强复合材料筋》GB/T 26743的有关规定。

6.2.15 预埋钢板宜采用Q235B钢、Q355B钢，其质量应符合现行国家标准《碳素结构钢》GB/T 700和《低合金高强度结构钢》GB/T 1591 的有关规定。

6.2.16 变形缝和施工缝用橡胶止水带的主要物理性能应符合表 6.2.16 的规定。

表 6.2.16 橡胶止水带的主要物理性能

项目		性能要求		
		变形缝用	可拆卸式	施工缝用
硬度(绍尔 A)(度)		60±5	60±5	60±5
拉伸强度(MPa)		≥15	≥16	≥12
拉断伸长率(%)		≥380	≥400	≥380
压缩永久变形(%)	70℃×24h,25%	≤35	≤30	≤35
	23℃×168h,25%	≤20	≤20	≤20
撕裂强度(kN/m)		≥30	≥30	≥30
脆性温度(℃)		≤-45	≤-40	≤-45
热空气老化(70℃×168h)	硬度变化(绍尔 A)(度)	≤+8	≤+6	≤+8
	拉伸强度(MPa)	≥12	≥13	≥10
	拉断伸长率(%)	≥300	≥320	≥300
臭氧老化 50×10^{-8};20%,(40±2)℃×48h		无裂纹		
橡胶与金属粘合(仅钢边橡胶止水带检测)		断面在弹性体内(橡胶间破坏)		

注:橡胶与金属粘合指标仅适用于钢边橡胶止水带。

6.2.17 预制拼装管廊接缝用弹性橡胶密封圈的主要物理性能应符合表 6.2.17 的规定。

表 6.2.17 弹性橡胶密封圈主要物理性能

项目	性能要求			
	40 级	50 级	60 级	70 级
硬度(绍尔 A)(度)	40^{+5}_{-4}	50^{+5}_{-4}	60^{+5}_{-4}	70^{+5}_{-4}
拉伸强度(MPa)	≥9.0	≥9.0	≥10.0	≥11.0
拉断伸长率(%)	≥400	≥375	≥350	≥300

续表 6.2.17

项目		性能要求			
		40 级	50 级	60 级	70 级
压缩永久变形(%)	23℃×72h,25%	≤12			
	70℃×24h,25%	≤20		≤20	
	-10℃×72h,25%	≤40		≤50	
热空气老化后性能(70℃×168h)	硬度变化(绍尔 A)(度)	-5~+8			
	拉伸强度变化率(%)	-15~+10			
	拉断伸长率变化率(%)	≥-30			
压缩应力松弛(23℃×168h)(%)		≤13	≤13	≤14	≤15
浸水后体积变化(蒸馏水,70℃×168h)(%)		-1~+8			
接头结合强度(拉伸度 100%后转 360°)		拼接区无剥落、无裂缝、无分离现象			

注：表列指标均为成品切片测试的数据，若只能以胶料制成试样测试，则其伸长率、拉伸强度的性能数据应达成本规定的 120%。

6.2.18 盾构管廊弹性橡胶密封垫的主要物理性能应符合表 6.2.18 的规定。

表 6.2.18 弹性橡胶密封垫主要物理性能

项目		性能要求		
		氯丁橡胶	三元乙丙橡胶	
			无孔密封垫	有孔密封垫
硬度(绍尔 A)(度)		50~60	50~60	60~70
硬度偏差(绍尔 A)(度)		±5	±5	
拉伸强度(MPa)		≥10.5	≥9.5	≥10
拉断伸长率(%)		≥350	≥350	≥330
热空气老化(70℃×96h)	硬度变化(绍尔 A)(度)	≤8	≤6	
	拉伸强度降低率(%)	≤20	≤15	
	拉断伸长率降低率(%)	≤25	≤25	
压缩永久变形(%)	70℃×24h,25%	≤30	≤25	
	23℃×72h,25%	≤20	≤20	≤15
防霉等级		不低于二级		

注：表中所列指标均为成品切片测试的数据，若只能以胶料制成试样测试，则其伸长率、拉伸强度的性能数据应达到本规定的 120%。

6.2.19 遇水膨胀橡胶密封垫的主要物理性能应符合表 6.2.19 的规定。

表 6.2.19 遇水膨胀橡胶密封垫的主要物理性能

项目		指标			
		PZ—150	PZ—250	PZ—450	PZ—600
硬度(绍尔 A)(度*)		42±7	42±7	45±7	48±7
拉伸强度(MPa)		≥3.5	≥3.5	≥3.5	≥3
拉断伸长率(%)		≥450	≥450	≥350	≥350
体积膨胀倍率(%)		≥150	≥250	≥400	≥600
反复浸水试验	拉伸强度(MPa)	≥3	≥3	≥2	≥2
	拉断伸长率(%)	≥350	≥350	≥250	≥250
	体积膨胀倍率(%)	≥150	≥250	≥500	≥500
低温弯折-20℃×2h		无裂纹	无裂纹	无裂纹	无裂纹
防霉等级		达到或优于 2 级			

注：1 *硬度为推荐项目；
2 成品切片测试应达到标准的 80%；
3 接头部位的拉伸强度不低于上表标准性能的 50%。

6.3 结构上的作用

6.3.1 综合管廊结构上的作用，按性质分为永久作用和可变作用，其计算内容应符合现行国家标准《建筑结构荷载规范》GB 50009 的有关规定，并应符合下列规定：

1 永久作用包括结构自重、面层及装饰、固定设备、土压力、水压力（用于抗浮水位时）、预应力以及其他需要按永久荷载考虑的作用；

2 可变作用包括施工荷载、人群荷载、车辆荷载、地面堆载、绿化荷载、平台荷载、雪荷载、水压力（用于自然水位时）、内部管线荷载及推力、温度作用等。

6.3.2 结构设计时，对不同的作用应采用不同的代表值。永久作用应采用标准值作为代表值；可变作用应根据设计要求采用标准值、组合值、频遇值或准永久值作为代表值。作用的标准值应为设计采用的基本代表值。

6.3.3 当结构承受两种或两种以上可变作用时，在承载力极限状态设计或正常使用极限状态按短期效应标准值设计时，可变作用应取标准值和组合值作为代表值。

6.3.4 当正常使用极限状态按长期效应准永久组合设计时，可变作用应采用准永久值作为代表值。

6.3.5 综合管廊可变荷载设计使用年限的调整系数应符合现行国家标准《建筑结构荷载规范》GB 50009 的有关规定。

6.3.6 综合管廊预应力结构上的预应力标准值，应为预应力钢筋的张拉控制应力值扣除各项预应力损失后的有效预应力值。张拉控制应力值应按现行国家标准《混凝土结构设计规范》GB 50010 的有关规定确定。

6.3.7 综合管廊顶板竖向土压力标准值，应根据管廊敷设条件和施工方法计算确定。

6.3.8 地面活荷载取值应考虑设计使用年限内地面使用功能的变化，机动车道路范围按照道路等级确定。

6.3.9 管廊外墙侧土压力可按照静止土压力计算。地下水位以下的水土压力计算方法可根据土层条件确定。

6.3.10 双层管廊上层舱室底板上的可变荷载应根据该舱室内的管线确定，并应考虑管线的维修、更换等施工荷载。

6.3.11 建设场地地基土有显著变化地段，应计算管廊地基不均匀沉降的影响，其标准值应符合现行国家标准《建筑地基基础设计规范》GB 50007 的有关规定。

6.3.12 制作、运输和堆放、安装等短暂设计状况下的预制构件验算，应符合现行国家标准《混凝土结构工程施工规范》GB 50666 的有关规定。

6.3.13 综合管廊的结构设计应考虑管道支、吊架对管廊本体的作用。

6.3.14 热力舱及其相邻舱室应考虑温度变化作用。

6.4 现浇混凝土管廊结构

6.4.1 现浇混凝土综合管廊结构的截面内力计算模型宜采用闭合框架模型。作用于结构底板的基底反力分布应根据地基条件确定。

6.4.2 综合管廊标准段外侧壁与顶、底板相交的结构转角处，宜设置内腋角，腋角的宽度不应小于150mm，其构造配筋宜按侧墙或顶、底板截面内侧较大受力钢筋的50%配置。

6.4.3 在钢筋混凝土侧墙与顶（底）板整体浇筑节点处，外侧钢筋不宜截断，当截断时应按钢筋搭接处理；内侧钢筋应伸至相交墙（板）外侧钢筋处并弯折90°后锚固，锚固长度应自墙（板）的内侧表面起算。

6.5 预制拼装管廊结构

6.5.1 预制拼装管廊结构宜采用预应力筋连接接头、螺栓连接接头或承插式接头。当场地条件较差，或易发生不均匀沉降时，宜采用承插式接头。当有可靠依据时，也可采用其他能够保证结构安全性、适用性和耐久性的接头构造。

6.5.2 仅带纵向拼缝接头的预制拼装管廊结构的截面内力计算模型宜采用与现浇混凝土管廊结构相同的闭合框架模型。

6.5.3 预制拼装管廊结构中，现浇混凝土截面的受弯承载力、受剪承载力和最大裂缝宽度应符合现浇混凝土管廊的规定。

6.5.4 预制拼装管廊结构采用预应力筋连接接头或螺栓连接接头时，其预制拼装的截面内力计算、拼缝接头的受弯承载力以及拼缝接头外缘张开量的计算，应符合现行国家标准《城市综合管廊工程技术规范》GB 50838 的有关规定。

6.5.5 预制拼装管廊拼缝防水应以预制成型弹性密封垫为主要防水措施，弹性密封垫的界面应力不应低于1.5MPa。

6.5.6 拼缝处应至少设置一道密封垫沟槽，拼缝弹性密封垫应沿环、纵面兜绕成框型。密封垫、沟槽形式及截面尺寸应符合现行国家标准《城市综合管廊工程技术规范》GB 50838 的有关规定。

6.5.7 拼缝处应选用弹性橡胶与遇水膨胀橡胶制成的复合密封垫。弹性橡胶密封垫宜采用三元乙丙（EPDM）橡胶或氯丁（CR）橡胶为主要材质。

6.5.8 复合密封垫宜采用中间开孔、下部开槽等特殊截面的构造形式，并应制成闭合框型。

6.5.9 采用预应力钢绞线或预应力螺纹钢筋作为预应力筋的预制拼装管廊结构的抗弯承载能力计算，应符合现行国家标准《混凝土结构设计规范》GB 50010 的有关规定。

6.5.10 预制叠合式综合管廊的底板、墙壁及顶板的现浇接缝部位，结构的纵向强度及裂缝控制等级应不低于标准段结构的要求。

6.6 顶管管廊结构

6.6.1 顶管管廊的管位选择应符合下列规定：

1 顶管位置应避开地下障碍物。

2 顶管管廊不应横穿活动性断裂带。

3 顶管可在淤泥质黏土、黏土、粉土及砂土中顶进。不宜在超软土层、透水性较强的砾石土层或土层软硬差异较大的界面上顶进。

4 穿越大堤、河道、高铁、高速、地铁等特殊地段时，应通过相关管理部门批准。

6.6.2 顶管管廊的覆土厚度应符合下列规定：

1 覆土厚度宜大于管廊外径或管廊高度的 1.5 倍，并应满足地面沉降和施工操作的要求；

2 穿越江河水底时，覆土厚度为河道最大冲刷线以下的厚度，不宜小于管廊外径或管廊高度的 1.5 倍，且不宜小于 2.5m，并应满足水下施工操作的要求；

3 在有地下水地区及穿越江河时，管廊顶覆土厚度尚应满足管廊抗浮要求。

6.6.3 顶管管廊间距应符合下列规定：

1 相互平行的管廊水平净距宜大于1倍管廊外径或管廊宽度；

2 空间交叉管廊的垂直净间距，不宜小于1倍管廊外径或管廊高度，且不应小于2.0m；

3 管廊底与建筑物基础底面相平时，管廊与建筑物净距不应小于3.0m。

6.6.4 顶管管廊的结构计算应包括以下内容：

1 顶推力估算；

2 允许顶力计算；

3 强度计算；

4 管廊壁稳定验算；

5 竖向变形验算；

6 钢筋混凝土裂缝宽度验算。

6.6.5 顶管井（工作井及接收井）应按以下原则进行设计：

1 顶管井的选址应避开房屋、地下管线、池塘、架空线等不利于顶管施工的场所，并应考虑排水、出土和运输方便。

2 顶管井宜兼做综合管廊节点井，其选址及尺寸尚应满足综合管廊节点井空间功能要求。

3 顶管井的结构形式应与基坑围护结构相结合。

4 工作井尺寸应根据管节长度、管节外径、顶管机尺寸、千斤顶长度、反力墙厚度和井内接管、吊装管节要求等综合确定。工作井深度应根据管廊顶覆土厚度、管廊外径和管廊底操作空间等综合确定。

5 接收井尺寸应根据顶管机外径、长度、顶管机在井内拆除和吊装的需要以及工艺管道连接的要求等确定。

6 应计算顶管施工时顶推力对反力墙和井身结构的影响。

7 穿墙孔、接收孔外为不稳定土层时，应对孔外的不稳定土层进行加固。

8 宜减少工作井的数量。

6.7 盾构管廊结构

6.7.1 盾构管廊的结构设计应符合现行国家标准《地铁设计规范》GB 50157 的有关规定。

6.7.2 盾构管廊的断面形状应根据管线敷设要求、结构受力特点、施工便捷性和经济性等因素综合确定，宜采用圆形断面。

6.7.3 盾构管廊的覆土厚度不宜小于 1 倍管廊外径。

6.7.4 平行盾构管廊净距不宜小于 1 倍管廊外径。

6.7.5 垂直土压力大小应根据管廊的覆土厚度、断面形状、外径和围岩条件等确定。

6.7.6 盾构综合管廊地基抗力的作用范围、分布形状和大小应根据结构形式、变形特性和计算方法等因素确定。

6.7.7 盾构管廊的衬砌结构计算应符合下列规定：

1 应对施工过程和运行状态下不同阶段的工况荷载进行计算；

2 管片环的计算尺寸应取管廊断面的形心尺寸。

6.7.8 竖井结构设计应根据工程地质条件，结合周围地面既有建筑物、管线状况、节点设计等综合确定施工方法和结构形式。

6.7.9 始发竖井和到达竖井尺寸应按以下原则确定：

1 盾构两侧应预留 0.75m~2.00m 的作业空间，盾构下侧应预留盾构组装、隧道内排水所需的空间；

2 当竖井为三通井或四通井时，应满足管道、电缆及设备安装和运行维护要求；

3 始发竖井在盾构前后应预留始发推进时渣土运出、管片运入及其他作业需要的空间。

6.7.10 始发竖井和到达竖井的开口结构应符合下列规定：

1 开口结构尺寸应比盾构外径大 100mm~200mm；

2 开口结构宜采用薄壁混凝土墙，始发和到达之前应按小分片拆除临时挡土墙体；

3 开口结构应设置洞口密封圈，待壁后注浆浆液完全硬化后应浇筑洞口混凝土。

6.8 防水设计

6.8.1 综合管廊防水工程设计应包括下列内容：

1 防水等级的确定、防水体系的构成；

2 防水混凝土的抗渗等级；

3 防水层选用的材料及其技术指标、施工工艺要求；

4 施工缝、变形缝等工程细部防水构造、选用的材料及相关技术要求。

6.8.2 综合管廊的防水设防要求应符合现行国家标准《地下工程防水技术规范》GB 50108 的有关规定。

6.8.3 综合管廊的变形缝、施工缝、后浇带、穿墙管（盒）、预埋件、预留通道接头等部位应设置防水措施。

6.8.4 综合管廊工程的防水层应根据环境条件、结构型式、施工工法、防水等级要求，选用卷材防水层、涂料防水层等；防水层应设置在结构迎水面或盾构复合式衬砌之间。

6.8.5 防水层材料应具有良好的耐水性、耐久性、耐侵蚀性和耐菌性，其他性能和设置应符合下列规定：

1 卷材应具有良好的耐穿刺性，胶粘剂的粘结质量应符合现行国家标准《地下工程防水技术规范》GB 50108 的有关规定；

2 涂料应具有无毒或低毒、难燃、低污染的性能；

3 无机防水涂料应具有良好的湿干粘结性、耐磨性，有机防水涂料应具有较好的延伸性及适应基层变形的能力；

4 无机防水涂料厚度宜为 2mm~4mm，有机防水涂料厚度宜为 1.2mm~2.5mm。

6.8.6 综合管廊防水层保护层的设计应符合下列规定：

1 顶板及底板防水层上的细石混凝土保护层厚度不宜小于 50mm；

2 顶板防水层和细石混凝土保护层之间应设置隔离层；

3　侧墙防水层宜采用软质保护材料或铺抹 20mm 厚的 1∶2.5 水泥砂浆以及其他有效的保护措施。

6.8.7　综合管廊顶板上有种植要求的防水层设计应符合下列规定：

1　顶板防水层上应铺设耐根穿刺防水层，并按要求设置保护层；

2　种植土中的积水应通过设置盲沟排至周边土体或建筑、市政排水系统。

6.8.8　盾构管廊钢筋混凝土衬砌管片应采用防水混凝土制作，其抗渗等级不应小于 P10。当管廊处于侵蚀性介质的地层时，应采用耐侵蚀混凝土或在衬砌结构外表面涂刷耐侵蚀的防水涂层。

6.8.9　盾构管廊管片接缝应至少设置一道密封垫沟槽。

6.8.10　管片接缝密封垫应满足在计算的接缝最大张开量和估算的错位量条件下、埋深水头的 3 倍水压条件下不渗漏的技术要求。

6.8.11　管片螺孔防水应符合下列规定：

1　管片肋腔的螺孔口应设置锥形倒角的螺孔密封圈沟槽；

2　螺孔密封圈的外形应与沟槽相匹配，并应有利于压密止水或膨胀止水；

3　螺孔密封圈应为合成橡胶和遇水膨胀橡胶制品。

6.8.12　盾构嵌缝防水应符合下列规定：

1　在管片内侧环向与纵向边沿应设置嵌缝槽，其深宽比应大于 2.5，槽深宜为 25mm～55mm，单面槽宽宜为 5mm～10mm；

2　嵌缝材料应具有良好的不透水性、潮湿基面粘结性、耐久性、弹性和抗下坠性；

3　应根据盾构使用功能及防水等级要求，确定嵌缝作业区范围，采取嵌填堵水、引排水措施；

4　嵌缝作业应在接缝堵漏和无明显渗水后进行。

6.8.13　管片外防水涂料宜采用环氧或改性环氧涂料等封闭型材料、水泥基渗透结晶型或硅氧烷类等渗透自愈型材料，并应符合下列规定：

1 涂层应具有良好的耐化学腐蚀性、抗微生物侵蚀性和耐水性，并应无毒或低毒；

2 在管片外弧面混凝土裂缝宽度达到0.2mm时，涂层应能在最大埋深处水压下不渗漏；

3 涂层应涂刷在衬砌背面和环、纵缝橡胶密封垫外侧的混凝土上。

6.8.14 竖井与盾构管廊结合处可采用刚性接头，接缝应采用柔性材料密封处理，并应加固竖井洞圈周围土体。在软土地层距竖井结合处一定范围内的衬砌段应增设变形缝。变形缝环面应粘贴垫片，并应采用变形量大的弹性密封垫。

6.8.15 有侵蚀性地下水时，应针对侵蚀类型，采用抗侵蚀混凝土，压注抗侵蚀浆液或铺设抗侵蚀防水层。

6.9 构造要求

6.9.1 综合管廊结构应在纵向设置变形缝，并应符合下列规定：

1 现浇混凝土管廊结构变形缝的最大间距应为30m，当采取抗裂措施后变形缝最大间距可适当加长；

2 坐落于软土地基、液化地基及地基条件变化处时，应适当缩短纵向变形缝的间距，其间距可为10m~15m；

3 结构纵向刚度突变处、上覆荷载变化较大处及下卧地基土有显著变化的部位，应设置变形缝；

4 在综合管廊十字形或T字形交叉节点等结构复杂部位、标准段与节点交接处应设置变形缝；

5 变形缝宽不宜小于30mm，变形缝应做成贯通式，在同一断面上连同基础或底板断开；

6 变形缝应设置橡胶止水带、填缝材料和嵌缝材料等止水构造。

6.9.2 现浇混凝土管廊结构主要承重侧壁的厚度不宜小于250mm，非承重侧壁和隔墙等构件的厚度不宜小于200mm。

6.9.3 现浇混凝土管廊结构中最外层钢筋的混凝土保护层厚度应满足下列规定：

1 迎水面保护层厚度不应小于50mm；

2 除迎水面外的其他部位保护层厚度应根据环境条件和耐久性要求确定，并应符合现行国家标准《混凝土结构设计规范》GB 50010的有关规定。

6.9.4 混凝土管廊结构应采用双层双向配筋，其受力钢筋的最小配筋率应符合现行国家标准《混凝土结构设计规范》GB 50010的有关规定。现浇钢筋混凝土墙、板的纵向构造钢筋，应符合下列规定：

1 当构件的截面厚度不大于500mm时，其内、外侧构造钢筋的配筋率均不应小于0.15%；

2 当构件的截面厚度大于500mm时，其内、外侧均可按截面厚度500mm配置不小于0.15%构造钢筋。

6.9.5 综合管廊各部位的金属预埋件，其锚筋面积和构造要求应符合现行国家标准《混凝土结构设计规范》GB 50010的有关规定。

6.9.6 现浇混凝土管廊结构变形缝处混凝土断面的厚度不得小于止水带的宽度，且不应小于300mm。止水带与混凝土表面的距离不得小于止水带宽度50%，当混凝土断面尺寸不能满足上述要求时，宜采取局部加厚措施。

6.9.7 位于软弱地基处的变形缝处宜采用局部加厚混凝土垫层、侧墙及顶底板，并设置剪力杆、抗剪筋（止水带的一侧或双侧布置）或采用承插式接头等措施控制管廊变形缝两侧的沉降差。

6.9.8 天然气舱室与其他相邻舱室隔墙变形缝处应采取防止气体泄漏的密封措施。

6.9.9 现浇混凝土管廊的中隔墙内宜设置橡胶止水带，预制拼装管廊的中隔墙内宜设置橡胶密封圈。

6.9.10 钢筋混凝土墙壁或顶板的开孔处，应按下列规定采取加强措施：

1 当开孔的直径或宽度为 300mm～1000mm 时，孔口的每侧沿受力钢筋方向应配置加强钢筋，其钢筋截面积不应小于开孔切断的受力钢筋截面积的 75%，且两端伸出洞口边的长度均不应小于钢筋搭接长度；对矩形孔口的四周尚应加设斜筋；对圆形孔口尚应加设环筋。

2 当开孔的直径或宽度大于 1000mm 时，宜对孔口四周加设肋梁；当开孔的直径或宽度大于构筑物壁、板计算跨度的 1/4 时，宜对孔口设置边梁，梁内配筋应按计算确定。

6.10 抗震设计

6.10.1 综合管廊结构抗震计算及抗震措施，应符合现行国家标准《建筑抗震设计规范》GB 50011 和《地下结构抗震设计标准》GB/T 51336 的有关规定。

6.10.2 综合管廊及监控中心工程应按照乙类建筑物进行抗震设计。抗震设防烈度为 6、7 度时，综合管廊抗震等级不宜低于三级；抗震设防烈度为 8 度及以上时，综合管廊抗震等级不宜低于二级。

6.10.3 综合管廊抗震性能应符合下列规定：

1 当遭遇第一水准烈度的多遇地震影响时，主体结构应不受损坏或不需进行修理应能保持其正常使用功能，附属设施不损坏或轻微损坏但可快速修复，结构处于线弹性工作阶段；

2 当遭遇第二水准烈度的设防地震影响时，主体结构可受轻微损伤但短期内经修复应能恢复其正常使用功能，结构整体处于弹性工作阶段；

3 当遭遇第三水准烈度的罕遇地震影响时，主体结构不应出现严重破损并可经整修恢复使用，结构应处于弹塑性工作阶段。

6.10.4 综合管廊宜建造在密实、均匀、稳定的地基上。当处于软弱土、液化土或断层破碎带等不利地段时，应分析其对结构抗震稳定性的影响，采取相应措施。

6.10.5 在一般地质条件下，设防烈度不大于8度时，管廊可不进行地基的抗震验算。

6.10.6 对天然地基进行抗震验算时，应采用地震作用效应标准组合；相应地基抗震承载力应取地基承载力特征值乘以地基抗震承载力调整系数确定。

6.10.7 结构的重力荷载代表值应取结构、构件自重和水、土压力的标准值及各可变荷载的组合值之和。可变荷载中的雪荷载、顶板和操作平台上的等效均布荷载组合值系数应取0.5计算。

6.10.8 地震作用的取值，应随地下深度的增加比地面相应减少，并应符合下列规定：

1 基岩处的地震作用可取地面的一半，地面至基岩的不同深度处可按插入法确定；

2 地表、土层界面和基岩面较平坦时，可采用一维波动法确定；

3 土层界面、基岩面或地表起伏较大时，宜采用二维或三维有限元法确定。

6.10.9 综合管廊应计算横向和纵向水平地震作用，并进行结构抗震验算。横向和纵向水平地震作用计算可采用反应位移法。

6.10.10 综合管廊的交叉节点结构，宜按空间结构进行抗震计算。

6.10.11 当综合管廊周围土体和地基存在液化土层时，应采取相应措施消除或减轻液化。液化地基的处理要求按现行国家标准《地下结构抗震设计标准》GB/T 51336的有关规定执行。

6.10.12 综合管廊与其他设施整合建设采用整体结构时，应进行整体抗震计算。

6.10.13 高烈度场地、Ⅲ~Ⅳ类场地或土层变化较大场地上的管廊变形缝宜采取抗剪锚筋等抗震措施。

6.11 耐久性设计

6.11.1 综合管廊混凝土结构的耐久性设计应包括下列内容：

1 采用有利于减轻环境作用的结构形式和布置；

2 规定混凝土结构材料耐久性质量要求；

3 确定钢筋的混凝土保护层厚度；

4 提出混凝土构件裂缝控制与防、排水等构造要求；

5 针对严重环境作用采取防腐蚀附加措施或多重防护措施。

6.11.2 综合管廊混凝土结构的耐久性设计应符合下列规定：

1 应以结构具有足够承载力和良好的抗裂性为前提；

2 应确定结构的设计使用年限、环境类别及作用等级；

3 应从方便施工和考虑环境对结构的不利影响，合理布置结构的构造；

4 应对处于严重腐蚀环境下的混凝土结构提出可靠的防腐蚀措施。

6.11.3 当综合管廊混凝土结构构件同时承受其他环境作用时，应按环境作用等级较高的有关要求进行耐久性设计。

6.11.4 综合管廊结构混凝土的水胶比和胶凝材料用量应符合表6.11.4的规定。

表6.11.4 综合管廊结构混凝土的水胶比和胶凝材料用量

强度等级	最大水胶比	最小用量(kg/m^3)	最大用量(kg/m^3)
C30	0.50	280	400
C35	0.45	300	
C40	0.40	320	450
C45	0.40	340	
C50	0.36	360	480

注：表中数据适用于最大骨料粒径为20mm的情况，骨料粒径较大时宜适当降低胶凝材料用量，骨料粒径较小时可适当增加。

6.11.5 综合管廊的混凝土不应采用氯盐配制的防冻剂、早强剂或早强减水剂。

6.11.6 混凝土中的外加剂应符合现行国家标准《混凝土外加剂应用技术规范》GB 50119的有关规定，并应根据试验确定其适用性及相应的掺合量。

6.11.7 冻融环境下的综合管廊，混凝土不应采用火山灰质硅酸盐水泥和粉煤灰硅酸盐水泥；受侵蚀介质影响的综合管廊，其混凝土中的水泥及外加剂等应根据侵蚀性质选用。

6.11.8 施工缝、伸缩缝等连接缝的设置应避开局部环境作用不利部位，无法避开时应采取防护措施。

6.11.9 混凝土结构的防腐蚀附加措施应根据环境作用和条件、施工条件、便于维护以及全寿命成本等因素确定，并应符合现行国家标准《混凝土结构耐久性设计标准》GB/T 50476 的有关规定。

6.11.10 综合管廊各部位金属预埋件的外露部分，应采取防腐保护措施。

7 附属设施设计

7.1 消防系统

7.1.1 综合管廊舱室火灾危险性分类应符合表7.1.1的规定：

表7.1.1 综合管廊舱室火灾危险性分类

<table>
<tr><th colspan="2">舱室内容纳管线种类</th><th>舱室火灾危险性类别</th></tr>
<tr><td colspan="2">天然气管道</td><td>甲</td></tr>
<tr><td colspan="2">电力电缆</td><td>丙</td></tr>
<tr><td colspan="2">通信线缆</td><td>丙</td></tr>
<tr><td colspan="2">热力管道</td><td>丙</td></tr>
<tr><td colspan="2">污水管道</td><td>丁</td></tr>
<tr><td rowspan="2">雨水管道、给水管道、再生水管道、垃圾气力输送管道</td><td>化学材料或复合材料管道等难燃管材</td><td>丁</td></tr>
<tr><td>钢管、球墨铸铁管等不燃管材</td><td>戊</td></tr>
</table>

7.1.2 当舱室内含有两类及以上管线时，舱室火灾危险性类别应按火灾危险性较大的管线确定。

7.1.3 综合管廊主结构体应为耐火极限不低于3.0h的不燃性结构，结构变形缝应设置防火封堵。

7.1.4 综合管廊内不同舱室之间应采用耐火极限不低于3.0h的不燃性结构进行分隔。

7.1.5 除嵌缝材料外，综合管廊内装修材料应采用不燃材料。

7.1.6 综合管廊舱室防火分隔的设置应符合下列规定：

1 敷设电力电缆的舱室应每隔200m采用耐火极限不低于3.0h的不燃性墙体进行防火分隔；

2 天然气舱室宜每隔400m采用耐火极限不低于3.0h的不

燃性墙体进行分隔；

3 防火分隔处的门应采用甲级防火门。

7.1.7 综合管廊交叉口及各舱室交叉部位应采用耐火极限不低于3.0h的不燃性墙体进行防火分隔，防火分隔处的门应采用甲级防火门。

7.1.8 综合管廊内应在沿线、人员出入口、逃生口等处设置灭火器材，灭火器的设置间距不应大于50m，灭火器的配置应符合现行国家标准《建筑灭火器配置设计规范》GB 50140的有关规定。

7.1.9 干线综合管廊中容纳电力电缆的舱室，支线综合管廊中容纳6根及以上电力电缆的舱室宜设置自动灭火系统。

7.1.10 综合管廊自动灭火系统应根据工程使用条件及技术经济等因素综合确定，可选用超细干粉灭火装置、细水雾灭火系统及热气溶胶灭火装置。

7.1.11 超细干粉灭火装置的设计应符合下列规定：

1 舱室宜采用全淹没灭火方式或分区应用灭火方式，当采用分区应用灭火方式时，实施灭火区间（着火分区及相邻分区）长度不宜小于100m。

2 设备间、交叉口及各舱室交叉部位、工作井、电缆接头集中铺设区应采用全淹没灭火方式。

3 灭火浸渍时间不应小于20min。

4 当采用全淹没灭火方式时，设计灭火浓度不应小于灭火装置生产单位标称灭火浓度的1.5倍；当采用分区应用灭火方式时，设计灭火浓度不应小于灭火装置生产单位标称灭火浓度的2倍。

5 灭火剂设计用量应采用体积法计算确定。

6 超细干粉灭火装置的布置应符合下列规定：

1）超细干粉灭火装置宜居中、均匀布置在防护区的顶部；

2）安装高度和布置间距应满足其保护范围的要求；

3）设置位置和喷射角度应确保灭火剂喷放均匀，并覆盖被保护的各层管线和设备；

4）当有遮挡物影响灭火剂正常喷射时，应增设超细干粉灭火装置。

7 单台干粉灭火装置的灭火剂质量不宜大于4kg。

8 应采用分组启动方式，同一防护区内所有超细干粉灭火装置启动总用时不应超过2s。

7.1.12 细水雾灭火系统的设计应符合现行国家标准《细水雾灭火系统技术规范》GB 50898的有关规定，并应符合下列规定：

1 宜采用高压开式系统的泵组系统，喷头工作压力不宜小于10MPa，每套泵组所保护的区域半径不宜大于2.0km，持续喷雾时间不应小于30min；

2 舱室宜采用全淹没灭火方式，当舱室长度超过200m时，也可采用分区应用灭火方式。火灾时，着火分区及其相邻的分区细水雾喷头应同时喷雾实施灭火，且实施灭火区间长度不宜小于100m；

3 系统工作压力、喷雾强度、喷头的安装间距和安装高度和管网均衡布置要求等应依据设计计算和系统组件性能参数确定；

4 系统水泵的额定流量应根据系统工作压力、喷雾强度和最大作用面积等计算确定，工作压力应满足系统中最不利点喷头的最小工作压力要求；

5 系统应设置备用泵，备用泵的工作性能应与最大一台工作泵相同，主备泵应具有自动切换功能，并应能手动操作停泵，主备泵的自动切换时间不应大于30s；

6 系统应设置分区控制阀，分区控制阀宜设置在靠近防护区外便于操作的位置，当确需设置在防护区内时，应采取耐火隔热措施；

7 应设置专用水泵房，内部空间应满足泵组、贮水装置等设备的安装和维护要求。

7.1.13 热气溶胶预制灭火装置设计应符合下列规定：

1 应采用全淹没灭火方式，灭火设计用量应符合现行国家标准《气体灭火系统设计规范》GB 50370 的规定。

2 安装于舱室防护区时，热气溶胶灭火装置的灭火设计浓度应不小于生产单位标称灭火密度的 1.8 倍；当防护区确有部分开口无法封闭时，应根据开口情况适当增加灭火设计用量。

3 灭火浸渍时间不应小于 20min。

4 热气溶胶灭火装置宜居中、均匀布置在防护区的顶部，其设置位置和喷射角度应确保灭火剂喷放均匀。

5 单台热气溶胶灭火装置的灭火剂质量不应大于 3kg。

6 热气溶胶灭火装置的喷口前 1.0m 内，装置的背面、侧面、顶部 0.2m 内不应设置管线、设备和器具等。

7 应采用分组启动方式，同一防护区内所有热气溶胶灭火装置启动总用时不应超过 2s。

7.1.14 综合管廊应设置火灾自动报警系统及消防联动控制系统，灭火系统应具有自动控制和手动控制两种启动方式。

7.1.15 综合管廊自动灭火系统的自动启动应由同一防护区内两个独立的火灾报警信号作为联动触发信号。防护区外的紧急启动信号应直接启动自动灭火系统。

7.1.16 设有自动灭火系统舱室疏散出口的门外侧应设置灭火剂喷放指示灯以及防护区采用的相应灭火系统永久性标志牌。灭火剂喷放指示灯信号，应保持到防护区通风换气后，以手动方式解除。

7.2 通风系统

7.2.1 综合管廊宜采用自然进风和机械排风相结合的通风方式。含天然气管道和污水管道的舱室应采用机械进、排风的通风方式。

7.2.2 含电力电缆舱室消除余热的通风量应按电缆正常运行状态下最大载流量通过能力计算确定，并应符合下列规定：

1 进、排风设计温度差不宜大于 10℃。

2 电力电缆单位长度散热量按式（7.2.2-1）计算。

$$Q = K\rho_t \sum_1^N \frac{nI^2}{S} \tag{7.2.2-1}$$

式中 Q——N 根 n 芯电缆热损耗功率，即散热量（W/m）；

ρ_t——电缆运行时平均温度为60℃时的电缆芯电阻率，铝芯电缆为 0.033×10^{-6}（Ω·m），铜芯电缆为 0.020×10^{-6}（Ω·m）；

I——单根电缆的计算电流（A）；

K——电流同时系数，一般取0.85~0.95，电缆根数少时取较大值；

S——电缆导体截面积（m^2）。

3 舱室通风量按式（7.2.2-2）计算。

$$L=\frac{(Q_1-Q_2)}{0.28c\rho_{av}(t_{ex}-t_{in})} \tag{7.2.2-2}$$

式中 L——电力电缆舱内的通风量（m^3/h）；

Q_1——电力电缆散热量（W）；

Q_2——电力电缆舱的传热，可按电力电缆散热量的30%~40%估算（W）；

c——比热容［kJ/(kg·℃)］，取1.01［kJ/(kg·℃)］；

ρ_{av}——空气平均密度（kg/m^3）；

t_{ex}——排风设计温度（℃），取40℃；

t_{in}——进风设计温度（℃）。

7.2.3 综合管廊的通风量应根据通风区间、截面尺寸计算确定，且应符合下列规定：

1 舱室通风换气次数不应小于2次/h。

2 含天然气管道舱室通风应符合下列规定：

1）天然气管道阀门所在的通风分区及其相邻分区、天然气阀室的正常通风换气次数不应小于6次/h，事故通风换气次数不应小于12次/h；

2）天然气舱室区段内无管道附件（法兰、阀门）时，正常通风换气次数不应小于 3 次/h，事故通风换气次数不应小于 6 次/h。

3 含电力电缆的舱室按本标准第 7.2.2 条与本条第 1 款计算的通风量比较后取大值。

7.2.4 通风系统设置应符合下列规定：

1 发生火灾的防火分区及同舱相邻防火分区的通风设备应能自动关闭。

2 通风系统进风道上应采用动作温度为 70℃ 的电动防火阀，排烟风道上应采用动作温度为 280℃ 的电动排烟防火阀，并应与排烟风机联锁。

3 含天然气管道舱室应设置独立的通风系统，事故通风系统可与正常通风系统合用，事故通风口不应朝向人员密集、车流量多的地方。

4 用于天然气管道舱事故通风的地下排风机房，应有防止可燃气体聚集并排出室外的措施。

7.2.5 风口、风道、风亭及其百叶面积应根据通风量确定。风亭宜采用防雨百叶，其遮挡系数不宜超过 50%，正常通风时通风口处出风风速不宜超过 5m/s。

7.2.6 通风口应设置防止小动物进入的金属网格，网孔净尺寸不应大于 10mm×10mm。

7.2.7 通风设备应符合下列规定：

1 通风机的能效等级不应低于国家标准《通风机能效限定值及能效等级》GB 19761—2020 中的 2 级；

2 天然气管道舱应采用防爆风机；

3 管廊内的防火阀宜采用自动复位防火阀。

7.2.8 综合管廊内应设置事故后机械排烟设施。

7.3 供配电系统

7.3.1 综合管廊供配电系统接线方案、电源供电电压、供电点、供电回路数、供配电容量等均应依据管廊建设规模、周边电源情况、管廊运行管理模式等因素确定，并应符合下列规定：

1 电源变电站 10kV 供电服务半径不宜超过 8.0km；

2 10/0.4kV 管廊分区变电站供电服务半径不宜超过 1.0km；

3 变电站宜与管廊监控中心或管廊主体相结合建设。

7.3.2 综合管廊用电负荷分级应符合下列规定：

1 监控与报警系统设备、消防灭火用电设备、事故风机、防火阀、逃生井盖、应急照明、市政管道紧急切断阀等应为二级负荷；

2 排水泵、检修电源、正常照明等应为三级负荷；

3 消防灭火设备、防火阀、火灾自动报警系统设备、可燃气体检测系统设备、天然气舱室通风机、天然气舱管道紧急切断阀、消防应急照明（含备用照明、疏散照明）等应为消防用电负荷；

4 监控中心不应低于二级负荷。

7.3.3 综合管廊供电电源的设置应符合现行国家标准《供配电系统设计规范》GB 50052 的有关规定，并应符合下列规定：

1 管廊应采用双回路市电供电；当有困难时，应设置备用电源。

2 监控中心应由专用变压器或专用回路供电。

3 智慧管理平台、监控与报警系统均应由不间断电源系统（UPS）供电，并应符合下列规定：

1）不间断电源应有自动和手动旁路装置；

2）后备蓄电池连续供电时间不宜小于 60min；

3）容量不应小于接入设备计算负荷总和的 1.3 倍。

4 火灾自动报警系统、可燃气体探测报警系统均应设置交流电源和蓄电池备用电源，并应符合下列规定：

1）可燃气体探测报警系统宜采用专用的供电回路；

2）备用电源可采用报警控制器自带的蓄电池。

7.3.4 综合管廊供配电系统的设置应符合下列规定：

1 低压配电应采用交流 220/380V 三相四线制 TN-S 系统，

并宜使三相负荷平衡。

2 应以防火分区作为配电单元，各配电单元电源进线截面应满足设备同时投入运行的用电需求。

3 分区变电站低压出线宜采用放射式、树干式、分区树干式、放射式与树干式相结合的供电方式。

4 用电设备受电端的电压偏差：动力设备不宜超过供电标称电压的±5%，照明设备不宜超过+5%、-10%。

5 消防负荷与非消防负荷应分别设置配电系统，消防用电设备应采用专用的供电回路。

6 应在变电站低压侧集中进行无功补偿，补偿后的功率因数应符合现行国家标准《供配电系统设计规范》GB 50052 的有关规定。

7 各供电单元总进线处应设置电能计量测量装置，并宜设置故障电弧检测与报警装置。

8 过载保护应符合下列规定：

1）消防配电线路的过载保护应动作于信号；

2）重要的消防用电设备，电动机的过载保护应动作于信号；

3）火灾自动报警系统主电源不应设置剩余电流动作保护和过负荷保护装置。

9 综合管廊舱舱室内应设置检修电源箱，并应符合下列规定：

1）电源引自配电单元，采用树干式供电；

2）每个检修电源箱均应设置剩余电流保护装置；

3）间距不宜大于 60m；

4）容量不宜小于 15kW；

5）底边距地不宜小于 0.5m。

10 综合管廊每个分区的进出口应设置本分区通风、照明的控制开关，通风控制开关宜设置在分区外侧。

11 天然气管道舱配电单元应单独设置。

7.3.5 天然气管道舱内的电气设备应符合现行国家标准《爆炸危险环境电力装置设计规范》GB 50058 有关爆炸性气体环境 2 区的防爆规定。

7.3.6 电气设备的设置应符合下列规定：

1 廊内电气设备应采取防水防潮措施；

2 电气设备防护等级应符合下列规定：

1) 管廊上方夹层内电气设备（低压配电柜除外）防护等级不应低于 IP54；

2) 管廊上方夹层配电单元内低压配电柜防护等级不应低于 IP4X；

3) 管廊主体内电气设备防护等级不应低于 IP65。

3 消防设备配电箱、控制箱应独立设置，并应采取防火措施；且应符合现行国家标准《建筑设计防火规范》GB 50016 的有关规定；

4 电气设备应设置在便于维护和操作的场所，不应安装在低洼、可能受积水侵入的地方。

7.3.7 综合管廊配电线缆的选择及敷设应符合下列规定：

1 非消防设备的供电电缆、控制电缆应采用阻燃电缆；火灾时需要继续工作的消防设备以及与消防相关的重要负荷应采用耐火电缆或不燃电缆。

2 天然气舱内敷设的电缆不应有中间接头，并应符合现行国家标准《爆炸危险环境电力装置设计规范》GB 50058 的有关规定。

3 廊内配电线路应采用穿金属管或沿电缆桥架布线方式。

4 廊内消防设备的线缆应与非消防设备的线缆分开敷设，应穿保护钢管或沿封闭金属桥架防护，外部需做防火处理；并应符合现行国家标准《建筑设计防火规范》GB 50016 的有关规定。

5 天然气舱室内线路应采用低压流体输送用镀锌焊接钢管配线敷设，并应符合现行国家标准《爆炸危险环境电力装置设计规范》GB 50058 的有关规定。

7.3.8 防雷、接地及等电位联结应符合下列规定：

1 管廊应设置防闪电感应、防闪电电涌侵入、防雷击电磁脉冲等措施，设有燃气事故放散管时还应设置直击雷防护措施。

2 监控中心的防雷应符合现行国家标准《建筑物防雷设计规范》GB 50057 和《建筑物电子信息系统防雷设计规范》GB 50343 的有关规定。

3 电子信息系统的雷电防护等级不应低于 B 级。

4 应采用综合接地，统一为管廊自身运营设备、公共管线设施以及防雷系统提供接地功能；接地系统应为封闭的环形接地网，接地电阻值不应大于 1Ω。

5 应利用其结构钢筋等自然接地体作为接地装置，并辅以水平接地极为主的人工接地网，自然接地装置和人工接地网之间应采用不少于两根导体在不同地点、不同方向可靠连接；人工接地网宜采用耐腐蚀材质。

6 廊内电气装置外露可导电部分、金属构件、电缆金属护套、电缆保护金属管、电缆金属桥架、电缆金属支架等均应实施等电位联结，并应与管廊接地网连通。

7 天然气舱室的接地系统应符合现行国家标准《爆炸危险环境电力装置设计规范》GB 50058 的有关规定。

7.4 照明系统

7.4.1 综合管廊内应设置正常照明和应急照明系统，并应符合现行国家标准《建筑照明设计标准》GB 50034 和《城市综合管廊工程技术规范》GB 50838 的有关规定，且应符合下列规定：

1 各场所的照明照度应符合表 7.4.1 的规定；

2 检修箱内应设置局部检修照明灯具插座，并应采用安全电压供电。

7.4.2 综合管廊内应急照明应符合现行国家标准《消防应急照明和疏散指示系统技术标准》GB 51309 和《消防应急照明和疏散指示系统》GB 17945 的有关规定；并应符合下列规定：

表 7.4.1　照明照度表

位置或功能	照度	备注
人行通道	平均不应低于 15lx 最低不应低于 5lx	
出入口和设备操作处	100lx	
监控中心控制室	不宜低于 300lx	均匀度 $U_o \geqslant 0.6$，显色指数 $Ra \geqslant 80$； 功率密度 $LPD \leqslant 15W/m^2$
配电室	不宜低于 200lx	
疏散应急	不应低于 5lx	
现场操作站	平均 200lx	均匀度 $U_o \geqslant 0.6$，显色指数 $Ra \geqslant 80$

1　廊内应急照明包括疏散照明、安全照明和备用照明，应符合下列规定：

1） 疏散照明包括疏散照明灯、疏散指示灯，采用应急照明集中电源箱供电，电压等级 DC36V；

2） 安全照明采用应急照明集中电源箱供电，电压等级 DC36V，管廊顶上安装，兼做正常照明；

3） 备用照明采用 EPS 电源供电，电压等级 AC220V，管廊顶上安装，兼做正常照明。

2　应急电源持续供电时间不应小于 60min。

3　监控室、配电室、配电单元（现场操作站）、消防水泵房等场所应设置备用照明，照度应达到正常照明的照度。

4　出入口、逃生口和各防火门上方应设置安全出口标志灯，灯光疏散指示标志应设置在距离地坪高度 1.0m 以下，间距不应大于 20m。

5　设置火灾自动报警系统的舱室，其灯光疏散指示标志的方向应与火灾自动报警系统联动。

7.4.3　综合管廊照明光源、灯具及其附属装置应符合下列规定：

1　照明宜选用细管径直管形三基色荧光灯；应急照明应选用能快速点亮的光源（荧光灯、LED 灯）。

2　照明灯具效率应符合现行国家标准《建筑照明设计标

准》GB 50034 的有关规定。

3 管廊内照明灯具应采用触电防护类别为Ⅰ类的灯具；其外露可导电部分应与供电回路中保护线（PE 线）可靠连接。

4 廊内照明灯具应采取防水防潮措施，防护等级不应低于 IP54，并应有防外力冲撞防护措施。

5 消防应急照明灯具应符合现行国家标准《建筑设计防火规范》GB 50016 和《消防应急照明和疏散指示系统技术标准》GB 51309 的有关规定。

6 天然气舱灯具应符合现行国家标准《爆炸危险环境电力装置设计规范》GB 50058 的有关规定。

7.4.4 综合管廊照明线路明敷设时应采用保护管或线槽穿线方式布线，并应符合下列规定：

1 消防应急照明回路应采用耐火导线，明敷情况下保护钢管或金属线槽应做防火处理；

2 天然气舱照明线路应采用低压流体输送用镀锌焊接钢管明敷设，并应进行隔离密封防爆处理。

7.4.5 综合管廊舱内照明应按照防火分区分段控制，各防火分区出入口应分别设置控制开关；并具有远程控制和自动控制功能。

7.4.6 综合管廊照明的节能应符合下列规定：

1 选用的照明光源、镇流器的能效应符合相关能效标准的节能评价值；

2 使用节能型电感镇流器的气体放电灯应在灯具内设置电容补偿装置，功率因数不应小于 0.9；

3 功率因数较低的灯具应设置单灯补偿，补偿后功率因数不宜低于 0.9。

7.5 监控与报警系统

7.5.1 干线、支线及干支混合综合管廊应设置管廊监控与报警系统。

7.5.2 监控与报警系统按功能和监控对象分为管廊监控与报警系统和入廊管线监控系统。应符合下列规定：

1 管廊监控与报警系统应设置环境与设备监控系统、安全防范系统、通信系统、预警与报警系统、智慧管理平台等；

2 预警与报警系统应根据入廊管线的种类和舱室划分，设置火灾自动报警系统、可燃气体探测报警系统等。

7.5.3 监控与报警系统的组成架构和管理应符合下列规定：

1 系统架构、系统配置应根据管廊建设规模、入廊管线的种类、运营维护管理模式和远期发展规划确定。

2 监控、报警和联动反馈信号应送至监控中心；环境与设备监控系统应能脱离智慧管理平台独立运行。

3 应以防火分区作为监控单元设置现场控制站，现场控制站应设置在受控设备集中处近旁。

4 系统应设置防雷电感应过电压的保护装置。

7.5.4 环境与设备监控系统应按集中监控和管理、分层分布式控制的原则设置，并应对通风系统、排水系统、供配电系统、照明系统的设备进行监控和集中管理。

7.5.5 环境参数检测内容应符合表 7.5.5 的规定。含有两类及以上管线的舱室，应按较高要求的管线设置。气体报警设定值应符合现行国家标准《密闭空间作业职业危害防护规范》GBZ/T 205 的规定。

表 7.5.5 环境参数检测内容

舱室容纳管线类别	给水管道 再生水管道 雨水管道	污水管道 垃圾气力输送管道	天然气管道	热力管道	电力电缆 通信线缆
温度	●	●	●	●	●
湿度	●	●	●	●	●
水位	●	●	●	●	●
O_2	●	●	●	●	●
H_2S 气体	▲	●	▲	▲	▲
CH_4 气体	▲	●	●	▲	▲

注：●应监测；▲宜监测。

7.5.6 管廊设备监控和管理应包括下列功能：

1 对通风设备（进风阀、排风阀、通风机）、排水泵、电气设备等进行状态（电源状态、运行状态、故障信号）监测和控制；

2 设备控制方式：就地手动、就地自动和远程控制，以就地手动控制为最高控制优先级，由控制箱上的“工作模式”转换开关切换选择；

3 设备状态监测内容：就地手动、就地自动、远程控制、全开/全关（运行/停止）、紧急关闭（停止）、高速/低速运行、故障报警等；

4 集水坑液位计宜具有对管廊发生渗漏事故的初期监测及预警功能；

5 对照明系统开、关状态的监控。

7.5.7 环境与设备监控系统应由中央层、现场控制层及设备层组成，并应符合下列规定：

1 中央层监控功能应融入智慧管理平台。

2 现场控制层应由若干台现场控制箱（柜）、工业以太网或专用控制网络组成；现场控制箱（柜）内控制器应采用可扩展、易更换的模块化结构。

3 设备层应由现场仪表、附属设备或其控制箱等组成，设备层的信息宜采用现场总线或硬接线传输。

7.5.8 监控与报警系统设计选型应符合下列规定：

1 设备宜采用工业级产品。

2 监控系统控制器宜采用模块化、冗余式结构，具有工业以太网及各现场总线通信等功能，并应具有宽温、防腐性能。

3 监控系统网络宜采用以太网，主干通信介质宜为光缆，传输速率应满足系统的要求。

4 廊内设备应满足地下潮湿及腐蚀环境的使用要求，防护等级不宜低于 IP65。

5 环境与设备监控系统应具有标准、开放的通信接口及协议。且应具有入廊管线监测测设备、控制执行机构等信号接入的可扩展功能。

6 设备与线路产品应符合国家现行相关标准的规定。

7 天然气管道舱内设备与线路应符合现行国家标准《城市综合管廊工程技术规范》GB 50838 和《爆炸危险环境电力装置设计规范》GB 50058 的有关规定。

7.5.9 监测设备的设置应符合下列规定：

1 管廊沿线舱室内氧气、温度、湿度检测仪表设置间距不应大于 200m，且每一通风区间内应至少设置 1 套。

2 无管道监控报警系统时，热力管道舱室顶部宜设置具有实时温度监测功能的线型分布式光纤探测器。

3 硫化氢（H_2S）、甲烷（CH_4）气体探测（传感）器应设置在舱室每一通风区间内人员出入口和通风回风口气流经过处，布置位置应符合下列规定：

1）甲烷（CH_4）传感器距舱顶不应大于 0.3m；

2）硫化氢（H_2S）传感器距舱地坪高度应为 0.3m～0.6m；

3）氧气（O_2）传感器距舱地坪高度宜为 1.6m～1.8m。

4 集水坑应设置水位监测装置；并应对排水泵电源状态、运行状态、故障信号进行监测；需要时可对备用排水泵自动轮值控制。

5 当正常工况且舱室内无人员时，通风系统应根据综合管廊内外温湿度的情况、管线正常运行所需环境温度限值要求定时启停控制。

6 当工作人员进入舱室前或舱室内有人员，且综合管廊内氧气（O_2）浓度小于 19.5%（V/V）时，应启动通风设备。

7 当舱内硫化氢（H_2S）浓度大于 $10mg/m^3$ 时或甲烷（CH_4）浓度大于 1%（V/V）时，应启动通风设备。

8 各类现场检测仪表的安装应有避免凝露、碰撞等影响的防护措施。

7.5.10 当廊内发生热力舱温度、危险水位、气体（O_2、H_2S、CH_4 等）超限报警等异常情况时，应立即启动监控中心及人员出入口的警报装置，并应向视频安防监控系统发送联动控制信号。

7.5.11 电力系统运行状态和信号监测应符合下列规定：

1 变配电所、配电单元的进线开关、切换开关、主馈线开关状态；

2 进线电流、电压、电度和失压、过电流报警信号；

3 变压器的运行温度和高温报警信号；

4 UPS 运行状态及故障报警信号；

5 应急配电箱、应急电源装置（EPS）的运行状态及故障报警信号。

7.5.12 安全防范系统应包括视频监控、入侵探测报警、出入口控制、电子巡查、人员定位等若干子系统，其功能应融入智慧管理平台，并应符合下列规定：

1 能有效监控、联动和管理，应易于系统的扩展及多系统的互联；

2 应自成安防专用网络，独立运行，网络带宽应留有裕量；

3 安全防范系统应符合现行国家标准《安全防范工程技术标准》GB 50348、《入侵报警系统工程设计规范》GB 50394、《视频安防监控系统工程设计规范》GB 50395 和《出入口控制系统工程设计规范》GB 50396 的有关规定。

7.5.13 安全防范系统和环境与设备监控系统、火灾自动报警系统、可燃气体探测报警系统、照明系统以及管线监控系统之间应具有安全联动控制的功能，并应符合下列规定：

1 当安全防范系统的任一子系统报警或接收到其他系统的联动信号时，视频安防监控系统应能将报警现场画面切换到指定的设备显示；

2 除可燃气体报警系统、天然气舱室监控系统报警之外的其他联动，应同时通过环境与设备监控系统配合打开报警现场照明；

3 出入口控制装置应与环境与设备监控系统、火灾自动报警系统联动，在紧急情况下，应具备联动解除相应出入口控制装置锁定状态的功能。

7.5.14 综合管廊视频监控系统应符合下列规定：

1 应采用数字化技术。

2 廊内沿线舱室、设备集中安装处或现场设备间、人员出入口、变配电间、现场控制站、监控中心控制区、设备区等场所均应设置摄像机。舱室内摄像机间距不应大于 100m，且每个防火分区不应少于1台。

3 在管廊转角处、变坡处宜设置摄像机。

4 摄像机清晰度不应小于 720P。

5 摄像机应采用日夜转换型，配用红外灯辅助光源，并应具备宽动态功能。

6 廊内宜选用定焦距、定方向、固定安装型枪式摄像机；部分设备集中处、管廊分支/交汇点、设备间、控制室等场景应选用变焦、变向、固定安装的一体化球型摄像机。

7 视频图像传输网络宜采用专用光纤以太环网，速率应核算最低配置的带宽。

8 视频图像记录应选用数字存储设备，单路图像的存储分辨率不应小于 1280×720 像素，存储记录时间不应小于 30d。

9 视频图像记录应根据安全管理的要求、视频系统的规模、网络的带宽状况等，选择集中式存储或集中式存储与分布式存储相结合的记录方式。

10 由报警信号联动触发的视频图像应存储在监控中心，且不得被系统自动覆盖。

11 视频图像显示宜采用轮循显示、报警画面自动弹出相结合的方式。单路监视图像的最低水平分辨率不应低于 600 线。显示设备的配置应满足管理使用要求。

12 视频监控宜具有视频移动侦测、报警功能。局部重要区域可采用智能视频分析报警应用系统。

7.5.15 入侵探测报警系统应符合下列规定：

1 人员出入口、通风口、人员逃生口、安装口等有人员非法入侵风险的部位，应设置入侵报警探测装置和声光警报器。

2 逃生井盖宜设置井盖报警系统，实现对井盖的集中控制、远程开启、非法开启报警等功能。

3 应根据管廊的规模，采用分线制模式、总线制模式、网络制模式或多种制式组合模式。网络制模式的传输网络宜利用安防专用网络。

4 控制主机应设置在监控中心内，并应具有分区远程布防、远程撤防、远程报警复位等功能。

7.5.16 出入口控制系统应符合下列规定：

1 人员出入口应设置出入口控制装置。

2 应根据管廊的规模，选择采用总线制、网络制或总线制结合网络制的混合模式。网络制模式的传输网络应利用安防专用网络。

3 对人员出入口非正常开启、长时间不关闭、通信中断、设备故障等非正常情况，应具有实时报警功能。

4 控制主机应设置在监控中心内，并应具备远程控制功能。

7.5.17 电子巡查管理系统应符合下列规定：

1 应设置由巡查管理主机和若干巡查点组成的在线式电子巡查管理系统；

2 人员出入口、逃生口、吊装口、通风口、管线分支口、重要附属设备处、管道阀门处、电力电缆接头区及其他重点巡查部位等应设置巡查点；

3 管理主机应设置在监控中心，并应具有设置、更改巡查路线的功能，并应对未巡查、未按规定线路巡查、未按时巡查等情况进行记录、警示。

7.5.18 人员定位系统应符合下列规定：

1 监控中心应能实时显示廊内人员位置，在单个舱室内定位精度应小于100m；

2　人员定位宜结合无线通信或在线式电子巡查一并实施。

7.5.19　综合管廊通信系统应能满足监控中心与廊内工作人员之间语音通信联络的需求，并应符合下列规定：

1　通信系统包括固定语音通信和无线对讲通信，固定通信可与消防电话合用一个系统。监控中心应设置对外通信的直线电话。

2　通信系统应能够实现内部通信，解决有线或无线、公网或内网、模拟或数字终端之间的通信联络、信息传输、电话会议、用户管理等功能。

7.5.20　监控与报警系统的线缆选择与布设应符合下列规定：

1　信号回路与超过50V的电源回路不应共用同一电缆。

2　线缆宜全线采用穿保护管或专用桥架的敷设方式，保护管、桥架、安装支架及附件应满足防腐及抗冲击的要求。

3　超过50V或共管不能满足电磁兼容要求的不同电缆不宜穿入同一根保护管内；当合用同一桥架时，桥架内应由隔板分隔。

4　配电、控制、通信等线路应采用阻燃线缆；在火灾时需继续工作的消防线路应采用阻燃耐火线缆，并应在敷设线路上采取防火保护措施。

7.5.21　监控与报警系统应有可靠的等电位联结与接地系统，其防雷接地、保护接地应与管廊电气系统共用接地网，接地电阻不应大于1Ω。

7.6　火灾自动报警系统

7.6.1　火灾自动报警系统设备应集中设置在监控中心设备区，并应与其他系统设备有明显间隔。

7.6.2　现场设备间应设置在服务于两个及以上防火分区或通风分区的设备集中安装场所，并应符合下列规定：

1　应与管廊舱室设置防火分隔；

2　应与管廊配电设备共用现场设备间；

3 设备间内不得穿越与其无关的管线；

4 应具有防止积水侵入的措施。

7.6.3 火灾自动报警系统设置应符合现行国家标准《火灾自动报警系统设计规范》GB 50116 的规定，并应符合下列规定：

1 含电力电缆的舱室、其他有火灾风险的舱室、监控中心、变配电站（所）、现场控制站等应设置火灾自动报警系统；

2 应根据管廊的规模、管理模式选择集中报警系统或控制中心报警系统；

3 火灾自动报警系统包括：火灾探测、火灾警报、防火门监控、消防电源监控、电气火灾监控、消防联动控制、可燃性气体报警系统、消防电话、消防应急广播等；

4 火灾自动报警系统应与管廊智慧管理平台联通；

5 应按照防火分区划分报警区域，一个报警区域宜由一个防火分区组成，当由构成通风区间的几个防火分区组成时，一个报警区域不应超过相连的 3 个防火分区。

7.6.4 火灾探测器的设置应符合下列规定：

1 设有火灾自动报警系统的舱室应设置感烟火灾探测器；需要联动触发自动灭火系统启动的舱室应设置感温火灾探测器。

2 在电力电缆表层应设置线型感温火灾探测器，并应在舱室顶部设置线型光纤感温火灾探测器，或感烟火灾探测器，或与视频系统相结合设置图像型火灾探测器。

7.6.5 火灾警报装置设置应符合下列规定：

1 设有火灾自动报警系统的舱室，在每个防火分区的人员出入口、逃生口、防火门处应设置手动火灾报警按钮和火灾声光警报器，且每个防火分区不应少于 2 套；

2 多舱室管廊共用出入口时，设有火灾报警系统的舱室在进入共用出入口的防火门外侧应设置火灾声光警报器；

3 每一台火灾报警控制器保护舱室的区域半径不应大于 1000m；

4 设有火灾自动报警系统舱室的防火门应接入防火门监控

系统，消防控制室应设置防火门监控器。

7.6.6 综合管廊应设置消防控制室，并应符合下列规定：

1 消防控制室宜与监控中心控制区合用；

2 消防控制室应能接收并显示消防设备电源的工作状态和欠压报警信息。

7.6.7 消防联动控制应符合下列规定：

1 确认火灾后，消防联动控制器应具备以下功能：

1） 应能联动关闭着火分区及相邻分区通风设备及防火阀；

2） 启动自动灭火系统；

3） 启动着火分区及同舱室相邻防火分区、共用出入口防火门外侧的火灾声光警报器和应急照明及疏散指示标志；

4） 关闭着火分区及相邻分区防火门外上方的安全出口标志灯；

5） 联动出入口控制系统，解除着火分区及同舱室相邻防火分区出入口控制装置的锁定状态；

6） 防火门监控器应联动关闭着火分区所有常开防火门。

2 消防控制室应能手动和远程启动自动灭火系统、控制消防水泵等消防设备。

3 火灾时消防联动控制应能自动切除火灾区域非消防负荷的电源。

4 当设备距离消防控制室超过1000m时，可经火灾自动报警系统网络与总线远程控制消防设备。

7.6.8 消防专用电话网络应为独立的消防通信系统，综合管廊内的固定语音通信系统可与其合用。

7.6.9 天然气管道舱室应设置固定式可燃气体探测报警系统，并应符合现行国家标准《石油化工可燃气体和有毒气体检测报警设计标准》GB 50493、《城镇燃气设计规范》GB 50028 和《火灾自动报警系统设计规范》GB 50116 的有关规定。且应符合下列规定：

1 可燃气体探测报警系统应接入智慧管理平台；

2 可燃气体探测报警系统应由可燃气体报警控制器、天然气探测（传感）器和声光警报器等组成；

3 天然气舱火灾自动报警系统中的设备应满足防爆要求。

7.6.10 可燃气体探测器的设置应符合下列规定：

1 天然气管道舱室应设置固定式可燃气体探测器，并宜通过现场总线方式接入可燃气体报警控制器。

2 天然气管道舱室每个防火分区的探测器总线应采用独立回路。

3 天然气管道舱室的顶部、管道阀门处、人员出入口、吊装口、通风口、每个防火分区的最高点及其他易积聚天然气的节点处应设置可燃气体探测器。

4 廊内点式可燃气体探测器，间距不宜大于 10m，安装距舱室顶部应小于 0. 3m，并满足探测器有效探测范围要求。

5 当可燃气体探测器安装于管道阀门处时，探测器的安装高度应高出释放源 0. 5m~2. 0m。

6 天然气报警一级报警浓度设定值不应大于其爆炸下限值（体积分数）的 20%，二级报警浓度设定值不应大于其爆炸下限值（体积分数）的 40%。

7 应配置防爆测定仪、防爆对讲机、便携式泄漏气体测定仪等设备。

8 天然气管道舱室内每个防火分区的人员出入口、逃生口和防火门处应设置声光警报器，且每个防火分区不应少于 2 个；监控中心人员值班的场所应设置声光警报器。

9 可燃气体探测报警系统的信号传输应采用独立传输网络，并应上传至智慧管理平台；管道阀门释放源处、综合管廊内天然气容易积聚处的可燃气体探测器的实时浓度数据宜上传至智慧管理平台。

10 可燃气体声光警报器发出报警后，智慧管理平台应能记录报警的具体时间和位置；声报警可手动关闭，光报警应持续至人员到达现场确认，并采取措施后复位。

7.6.11 当天然气管道舱天然气浓度超过一级报警浓度设定值时，应由可燃气体报警控制器启动事故段防火分区和监控中心的声光警报器；并应采取下列措施：

1 由可燃气体报警控制器或火灾报警控制器联动启动天然气管道舱事故段防火分区及同舱相邻防火分区的事故通风设备；

2 同时联动切除事故段防火分区非相关设备的电源；

3 向视频安防监控系统发出联动触发信号。

7.6.12 当天然气管道舱室天然气浓度超过二级报警浓度设定值时，应发出关闭天然气管道紧急切断阀联动信号。

7.6.13 照明系统的电源状态（消防电源）、开关状态、防火门状态等信号应进行监测；并根据人员巡检、应急处置、安全防范系统联动等要求应进行远程控制；且应联动开启相关区域照明。

7.7 排水系统

7.7.1 综合管廊内应设置自动排水系统。

7.7.2 综合管廊舱室的排水区间长度不宜大于400m。

7.7.3 综合管廊的低点应设置集水坑，并应符合下列规定：

1 集水坑的容积应满足管廊内废水的排除和排水泵的安装要求；

2 集水坑可结合管廊断面设置在管廊舱室的一侧、中间或采用局部加宽等形式；

3 除天然气管道舱外，其他舱室可共用集水坑，并应采取防窜烟措施。

7.7.4 天然气管道舱应设置独立排水系统，并应采用防爆型排水泵。

7.7.5 综合管廊宜设置排水明沟，明沟的坡度不应小于0.2%，宽度和深度应根据排水量并结合管廊断面形式综合确定。

7.7.6 综合管廊的排水应就近接入城市排水系统，并应设置止回阀。

7.7.7 综合管廊夹层节点应设置地漏，排水立管应引至舱室内，其布置不应影响管道、设备的安装、运行和维护。

7.7.8 综合管廊排出的废水温度不应高于40℃。

7.7.9 在工程条件适宜区域可采用真空排水方式。真空排水系统的服务区间长度不宜大于2.0km，排水高差不宜大于8.0m。

7.8 标识系统

7.8.1 综合管廊标识标志应执行现行国家标准《安全标志及其使用导则》GB 2894的有关规定。

7.8.2 综合管廊的主出入口处应设置永久性标示牌，并应标明管廊建设的时间、规模、容纳的管线。

7.8.3 管线应采用符合管线管理单位要求的标识进行区分，标识应设置在醒目位置，间隔距离不应大于100m，标识应标明管线属性、规格、产权单位名称、紧急联系电话等。

7.8.4 设备旁应设置设备标识，并应注明设备的名称、基本数据、使用方式及其紧急联系电话。

7.8.5 综合管廊内相应部位应设置"禁烟""注意碰头""注意脚下""禁止触摸""谨防坠落"等安全提示、警告标识。

7.8.6 综合管廊舱内沿线及逃生口处应设置里程标识，交叉口处应设置方向标识和对应地面的交叉道路名称。

7.8.7 综合管廊口部标识设置应符合下列规定：

1 廊内人员出入口、逃生口、通风口、吊装口、管线分支口、灭火器材、集水坑及防火门等部位应设置带编号的标识；

2 廊外人员出入口、逃生口、吊装口、通风口处等部位，在地面上应设置带编号的标识；

3 各口部廊内外标识编号应对应一致。

7.8.8 综合管廊穿越河道时，应在河道两侧醒目位置设置明显的标识。

7.8.9 综合管廊各舱室内，应设置事故时人员逃生方向与路径的图形、文字等应急逃生指示标识和安全出口标识。

7.8.10 天然气管道舱集水坑、阀门等位置应挂有严禁烟火、严禁开闭阀门等安全警告标识。天然气管道舱的进出口、通风口、吊装口等位置应设置明显的安全警示标识。

8 智慧管理平台设计

8.1 一 般 规 定

8.1.1 智慧管理平台的建设应满足项目功能使用要求，同时实现智慧化管控。并应与“智慧城市管理平台”统筹协调一致。且应符合现行国家标准《城镇综合管廊监控与报警系统工程技术标准》GB/T 51274、《城市地下综合管廊运行维护及安全技术标准》GB 51354 及《城市综合管廊工程技术规范》GB 50838 中的有关规定。

8.1.2 智慧管理平台应实现信息集成、数据融合、资源共享、动态管理、管控可视、协同联动、分析决策等功能。

8.1.3 智慧管理平台应具有功能性、安全性、可靠性、易用性、高效性、可维护性、可扩展性、可移植性。

8.1.4 智慧管理平台应根据综合管廊的建设规模、所在区域、入廊管线种类、运营管理模式等确定系统架构和功能等级。

8.1.5 智慧管理平台应对综合管廊的各子系统进行系统集成，实现各子系统的关联协同、统一管理、信息共享和联动控制。

8.1.6 智慧管理平台宜构建相应的运维管理系统，平台运行维护和更新机制宜符合平台运行管理规定、平台维护操作规程等。

8.1.7 智慧管理平台应根据项目实际需求确定网络安全等级保护级别，并应符合现行国家标准《信息安全技术 网络安全等级保护基本要求》GB/T 22239、《信息安全技术 网络安全等级保护定级指南》GB/T 22240、《信息安全技术 网络安全等级保护安全设计技术要求》GB/T 25070 的有关规定。

8.1.8 智慧管理平台设计应包括：平台架构、平台功能、性能指标、接口标准及平台数据等。

8.2 平台架构

8.2.1 平台架构应灵活，便于调整，各应用可基于组件迅速搭建。

8.2.2 平台架构宜分为服务应用层、服务接口层、融合层、数据层、现场接口层、现场子系统等6层，平台架构见图8.2.2。

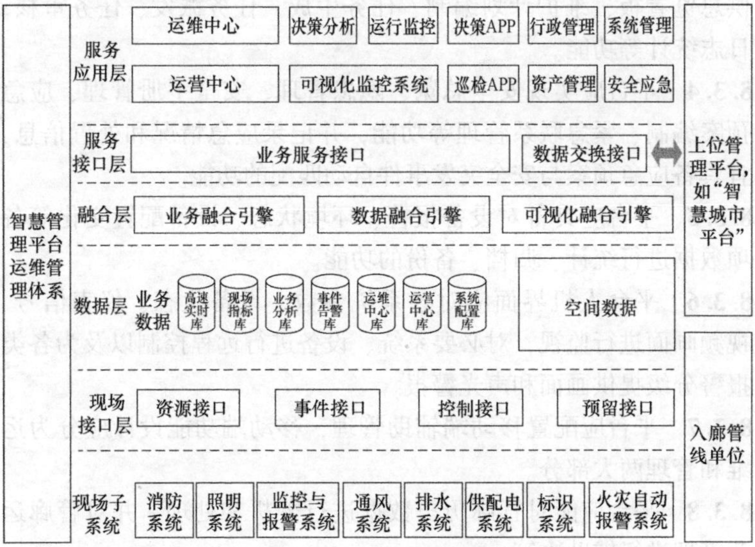

图8.2.2 平台架构图

8.2.3 平台架构应根据需求及条件选择软件结构。软件结构可分为“浏览器-服务器（B/S）”“客户端-服务器（C/S）”“移动端-服务器（M/S）”三类。软件结构在项目中宜相互结合使用。

8.2.4 平台的现场子系统应以平台架构为基础，依托物联网技术，进行设备互联，实现对控制对象的数据感知，并实现对控制对象的闭环智能控制。

8.3 平台功能

8.3.1 平台宜由基础服务系统、运维管理系统、安全管理系统、管线管理系统、运营管理系统、数据分析系统等多个系统组成，各子系统模块可相对独立运行。

8.3.2 平台应实现三维可视化综合监控，应能按总览模式及特定防火分区模式对管廊内设备、环境、附属系统等进行监控，并宜对廊内人员及入廊管线进行监控。

8.3.3 平台应辅助管廊设备及管廊主体的养护维修工作，宜提供总览看板、维护计划编制、任务生成、任务派发、任务审核、日志统计等功能。

8.3.4 平台应实现安全总览、隐患管理、安全手册管理、应急预案编制、紧急联系管理等功能，并记录应急情况和处置信息，宜具备应急预案与安全突发事件自动匹配的功能。

8.3.5 平台应具备对设备报警、环境状态、设备配置变化等各项数据进行统计、归档、备份的功能。

8.3.6 平台人机界面应对各系统参数、设备状态、仪表信号、视频画面进行监视，对必要系统、设备进行远程控制以及为各类报警分级提供画面和声光警报。

8.3.7 平台应配置移动端辅助管理，移动端功能设计应分为运维和管理两大部分。

8.3.8 平台应能对管廊历史数据进行分析和处理，并对管廊运营管理进行辅助决策。

8.3.9 平台应能实现各子系统之间的资源共享以及相关子系统之间的协同联动。

8.3.10 平台各项功能应结合监控中心层级和实际管理需要在各级监控中心进行部署，各级监控中心的平台功能不宜重复。管理功能应以上级监控中心为主，控制功能应以下级监控中心为主。

8.4 平台性能

8.4.1 平台的性能指标应符合下列规定：

1 平台平均无故障时间（MTBF）不宜小于17000h；

2 平台及各子系统时间分辨率不应大于10ms；

3 平台及各子系统应采用同一时钟。

8.4.2 平台主机切换性能指标应符合下列规定：

1 冗余、集群服务器切换时间不宜大于2s；

2 网络切换时间不宜大于500ms；

3 前置机切换时间不宜大于1s。

8.4.3 系统关键设备负荷率性能指标不宜大于表8.4.3中的规定。

表8.4.3 系统关键设备负荷率性能指标

设备	LOAD 1	LOAD 5	LOAD 15
服务器CPU	85%	60%	30%
工作站CPU	90%	65%	50%
前置机CPU	95%	80%	70%

注：LOAD1、LOAD5、LOAD15分别为CPU 1min、5min、15min平均负荷，通常用来表征CPU的繁忙程度。当CPU核数大于1时应以平均单核负荷考量。

8.4.4 局域网负荷率业务高峰高时不宜超过60%，平均负荷率不宜超过30%。

8.4.5 平台内部及各子系统间互联的网络性能指标应符合下列规定：

1 网络延时不应超过100ms；

2 延时抖动不应超过50ms。

8.4.6 信息（音频、图像、控制、报警等）传输从前端的信息采集、编码、网络传输到接收端解码、显示等所需的时间应符合下列规定：

1 信息从前端传输到智慧管理平台终端的时间不应大于1s；

2 控制时延不应大于1s。

8.4.7 报警触发后，在智慧管理平台启动显示和记录所需的联动响应时间不应大于1.5s。

8.4.8 系统图像质量不应低于现行国家标准《民用闭路监视电视系统工程技术规范》GB 50198的有关规定。

8.5 平 台 接 口

8.5.1 平台接口应符合综合管廊运行管理的需求，应统筹设计平台与各子系统的联动接口、与入廊管线单位管理系统的预留接口、与相关政府部门上层管理系统的预留接口。

8.5.2 平台应采用标准化的数据接口，协议应采用标准协议。

8.5.3 平台应具有资源接口、事件接口、控制接口以及预留接口，并应符合下列规定：

1 资源接口应接收各子系统内部资源关键指标，并将指标集合传输至平台内部的高速缓存，对指标进行分析、处理及可视化融合；

2 事件接口应接收各子系统产生的事件告警信息，并将事件告警传输至平台内部的事件驱动引擎进行相应的分析、处理及联动；

3 各子系统应开放相应的控制接口为平台提供控制服务，按需控制现场设备。

8.6 平 台 数 据

8.6.1 平台的通用字段、数据编码、资源分类等数据应符合现行国家标准《非结构化数据表示规范》GB/T 32909、《智慧城市 数据融合 第5部分：市政基础设施数据元素》GB/T 36625.5 的规定。

8.6.2 平台数据存储应支持多源异构数据，包括平台业务数据、图片文件数据、事件告警数据、传感器数据、视频监控数据、通信系统数据、GIS 数据、BIM 数据等。

8.6.3 平台数据存储应分类制定存储容量及存储时长，存储容量及时长应满足项目规模及当地的管理要求，并应符合下列规定：

1 平台业务数据存储容量应在 50GB 以上，存储时长宜在 10 年以上；

2 图片文件数据存储容量应在 1TB 以上，存储时长宜在 2 年以上；

3 事件告警数据存储容量应在 50GB 以上，存储时长宜在 2 年以上；

4 传感器数据存储容量应在 100GB 以上，存储时长宜在 2 年以上；

5 视频监控数据存储容量应在 10TB 以上，存储时长应在 30 天以上；

6 GIS 数据与 BIM 数据存储容量应在 100GB 以上，宜长期存储。

8.6.4 平台数据存储应具备备份功能和备份恢复功能。

8.6.5 平台应制定数据的协同共享和更新维护机制。

本标准用词说明

1 为便于在执行本标准条文时区别对待，对要求严格程度不同的用词说明如下：

1）表示很严格，非这样做不可的：
正面词采用“必须”，反面词采用“严禁”；

2）表示严格，在正常情况下均应这样做的：
正面词采用“应”，反面词采用“不应”或“不得”；

3）表示允许稍有选择，在条件许可时首先应这样做的：
正面词采用“宜”，反面词采用“不宜”；

4）表示有选择，在一定条件下可以这样做的，采用“可”。

2 条文中指明应按其他有关标准执行的写法为：“应符合……的规定”或“应按……执行”。

引用标准名录

1 《建筑地基基础设计规范》GB 50007
2 《建筑结构荷载规范》GB 50009
3 《混凝土结构设计规范》GB 50010
4 《建筑抗震设计规范》GB 50011
5 《室外给水设计标准》GB 50013
6 《室外排水设计标准》GB 50014
7 《建筑设计防火规范》GB 50016
8 《钢结构设计标准》GB 50017
9 《城镇燃气设计规范》GB 50028
10 《室外给水排水和燃气热力工程抗震设计规范》GB 50032
11 《建筑照明设计标准》GB 50034
12 《供配电系统设计规范》GB 50052
13 《建筑物防雷设计规范》GB 50057
14 《爆炸危险环境电力装置设计规范》GB 50058
15 《给水排水工程构筑物结构设计规范》GB 50069
16 《地下工程防水技术规范》GB 50108
17 《火灾自动报警系统设计规范》GB 50116
18 《混凝土外加剂应用技术规范》GB 50119
19 《建筑灭火器配置设计规范》GB 50140
20 《地铁设计规范》GB 50157
21 《民用闭路监视电视系统工程技术规范》GB 50198
22 《电力工程电缆设计标准》GB 50217
23 《工业设备及管道绝热工程设计规范》GB 50264
24 《综合布线系统工程设计规范》GB 50311
25 《给水排水工程管道结构设计规范》GB 50332

26 《城镇污水再生利用工程设计规范》GB 50335

27 《建筑物电子信息系统防雷设计规范》GB 50343

28 《安全防范工程技术标准》GB 50348

29 《气体灭火系统设计规范》GB 50370

30 《入侵报警系统工程设计规范》GB 50394

31 《视频安防监控系统工程设计规范》GB 50395

32 《出入口控制系统工程设计规范》GB 50396

33 《石油化工可燃气体和有毒气体检测报警设计标准》GB 50493

34 《建筑基坑工程监测技术标准》GB 50497

35 《电子工程防静电设计规范》GB 50611

36 《混凝土结构工程施工规范》GB 50666

37 《城市综合管廊工程技术规范》GB 50838

38 《细水雾灭火系统技术规范》GB 50898

39 《建筑机电工程抗震设计规范》GB 50981

40 《通信线路工程设计规范》GB 51158

41 《消防应急照明和疏散指示系统技术标准》GB 51309

42 《城市地下综合管廊运行维护及安全技术标准》GB 51354

43 《安全标志及其使用导则》GB 2894

44 《低压流体输送用焊接钢管》GB/T 3091

45 《钢制对焊管件 技术规范》GB/T 13401

46 《通风机能效限定值及能效等级》GB 19761

47 《污水用球墨铸铁管、管件和附件》GB/T 26081

48 《非结构化数据表示规范》GB/T 32909

49 《智慧城市 数据融合 第5部分：市政基础设施数据元素》GB/T 36625.5

50 《混凝土结构耐久性设计标准》GB/T 50476

51 《城镇综合管廊监控与报警系统工程技术标准》GB/T 51274

52 《地下结构抗震设计标准》GB/T 51336

53 《通信设备安装工程抗震设计标准》GB 51369

54《建筑防火封堵应用技术标准》GB/T 51410

55 《通用硅酸盐水泥》GB 175

56 《中热硅酸盐水泥、低热硅酸盐水泥》GB/T 200

57《碳素结构钢》GB/T 700

58 《钢筋混凝土用钢 第 1 部分：热轧光圆钢筋》GB/T 1499.1

59《钢筋混凝土用钢 第 2 部分：热轧带肋钢筋》GB/T 1499.2

60 《低合金高强度结构钢》GB/T 1591

61 《低压流体输送用焊接钢管》GB/T 3091

62 《电工圆铜线》GB/T 3953

63 《电工圆铝线》GB/T 3955

64《电缆的导体》GB/T 3956

65 《预应力混凝土用钢绞线》GB/T 5224

66 《输送流体用无缝钢管》GB/T 8163

67 《石油天然气工业 管线输送系统用钢管》GB/T 9711

68 《钢制对焊管件 类型与参数》GB/T 12459

69 《金属波纹管膨胀节通用技术条件》GB/T 12777

70《钢筋混凝土用余热处理钢筋》GB 13014

71 《水及燃气用球墨铸铁管、管件和附件》GB/T 13295

72《钢制对焊管件 技术规范》GB/T 13401

73 《管道支吊架 第 1 部分：技术规范》GB/T 17116.1

74 《管道支吊架 第 2 部分：管道连接部件》GB/T 17116.2

75 《管道支吊架 第 3 部分：中间连接件和建筑结构连接件》GB/T 17116.3

76 《消防应急照明和疏散指示系统》GB 17945

77 《阻燃和耐火电线电缆或光缆通则》GB/T 19666

78 《预应力混凝土用螺纹钢筋》GB/T 20065

79 《信息安全技术 网络安全等级保护基本要求》

GB/T 22239

80 《信息安全技术 网络安全等级保护定级指南》GB/T 22240

81《防火封堵材料》GB 23864

82 《信息安全技术 网络安全等级保护安全设计技术要求》GB/T 25070

83《结构工程用纤维增强复合材料筋》GB/T 26743

84《交流金属氧化物避雷器选择和使用导则》GB/T 28547

85 《电缆导体用铝合金线》GB/T 30552

86 《压力管道规范 公用管道》GB/T 38942

87 《密闭空间作业职业危害防护规范》GBZ/T 205

88 《城镇供热管网设计标准》CJJ/T 34

89 《城镇供热管网结构设计规范》CJJ 105

90 《城镇供热直埋热水管道泄漏监测系统技术规程》CJJ/T 254

91 《城镇供热管道用焊制套筒补偿器》CJ/T 487

92《高压交流电缆在线监测系统通用技术规范》DL/T 1506

93 《城市电力电缆线路设计技术规定》DL/T 5221

94 《电力工程电缆防火封堵施工工艺导则》DL/T 5707

95 《砂浆、混凝土减缩剂》JC/T 2361

96 《普通混凝土用砂、石质量及检验方法标准》JGJ 52

97《混凝土用水标准》JGJ 63

98 《建筑地基处理技术规范》JGJ 79

99 《建筑基坑支护技术规程》JGJ 120

100 《纤维混凝土应用技术规程》JGJ/T 221

101 《钢纤维混凝土结构设计标准》JGJ/T 465

102《建筑工程抗浮技术标准》JGJ 476

103 《普通流体输送管道用埋弧焊钢管》SY/T 5037

104 《光缆进线室设计规定》YD/T 5151

团 体 标 准

城市地下综合管廊工程设计标准

T/CECA 20022—2022

条 文 说 明

编制说明

《城市地下综合管廊工程设计标准》T/CECA 20022—2022经中国勘察设计协会2022年10月24日以第116号公告批准、发布。

为便于广大设计、施工、运行管理、科研、院校等单位有关人员在使用本标准时能正确理解和执行条文规定，本标准编制组按章、节、条顺序编制了本标准的条文说明，对条文规定的目的、依据以及执行中需注意的有关事项进行了说明。但是，本条文说明不具备与标准正文同等的法律效力，仅供使用者作为理解和把握标准规定的参考。

目　次

1 总　　则

1.0.1 综合管廊是建于城市地下用于容纳两类及以上城市工程管线的构筑物及附属设施，其将电力、通信、给水、排水、供热、燃气等各类城市管线集于一体，与管线直埋模式相比，综合管廊更加合理、便捷、安全并且节省地下空间，是城市市政基础设施发展的方向。根据国务院办公厅发布的《关于推进城市地下综合管廊建设的指导意见（国办发〔2015〕61 号)》，到 2020 年，要建成一批具有国际先进水平的地下综合管廊并投入运营。随着国家政策的推动，在 2015～2016 年共确定了 25 个城市作为综合管廊建设的试点城市，至今全国地下综合管廊开工建设里程近 6000km，建成廊体近 4000km，规划建设总量国际领先。国内编制了《城市综合管廊工程技术规范》GB 50838、《城镇综合管廊监控与报警系统工程技术标准》GB/T 51274、《城市地下综合管廊运行维护及安全技术标准》GB 51354 等国家标准以及地方标准，对综合管廊的建设和运维发挥了重要作用。

随着我国综合管廊工程建设的快速发展，管廊中容纳的管线数量与管线种类也在增加，在建设过程中出现了许多新情况和新特点，同时燃气、热力等高危介质管道进入综合管廊，引起人们对于管廊安全性的关注，如何从全周期本质安全的理念出发，从而更好地保障管廊及管线的安全运行成为行业内外关注的问题。本标准编制契合综合管廊建设发展的需求，特别是综合管廊燃气、热力高危介质管道舱及附属设施的安全设计技术方面，将综合管廊全寿命周期本质安全的规划设计技术应用到标准编制中。本标准进一步补充、细化和完善现行综合管廊规划设计技术，力求做到安全适用、经济合理、技术先进、确保质量的协调统一。

1.0.2 国内城市地下综合管廊工程大规模建设起步较晚，一般情况下多为新建的综合管廊工程。部分20世纪90年代建设的综合管廊可能需要功能更新，一些早期的地下工程根据功能的改变，需要改扩建为综合管廊。

2 术　语

2.0.5 浅埋沟槽缆线管廊设有开启盖板或工作井，组合排管缆线管廊设有工作井。内部空间不考虑人员通行要求，不设置通风、消防等附属设施。沟槽式缆线管廊中配给性给水、再生水管线管径不宜大于 *DN*300。

其他术语与现行国家标准《城市综合管廊工程技术规范》GB 50838 和《城镇综合管廊监控与报警系统工程技术标准》GB/T 51274 表述一致，并增加了部分术语的表述。

3 基本规定

3.0.1 参考国家标准《城市综合管廊工程技术规范》GB 50838—2015 第 3.0.2 条，该条为强制性条款。

应当依据国民经济社会发展规划、国土空间规划，综合管廊规划以及城市道路、轨道交通、地下空间、地下管线等专项规划，开展综合管廊设计工作。

3.0.2 参考国家标准《城市综合管廊工程技术规范》GB 50838—2015 第 1.0.3 条。

随着我国城市地下空间开发力度的加强，综合管廊、地下道路、轨道交通、地下综合体、地下车库、深邃工程、人防空间等大型地下设施也将会有较大发展。城市地下空间开发工程具有不可逆性，统筹城市有限的地下空间开发，做到合理、高效、集约开发利用，需要城市地下空间科学规划的引领。城市地下综合管廊工程应坚持先规划、后建设的原则，加强综合管廊与城市规划、环境景观、地下空间利用、各类专业管线的规划等方面的统筹与协调，实现城市科学和可持续发展。综合管廊的规划设计要体现全寿命周期本质安全的原则，应充分考虑规划设计、建设及运营等全寿命周期的相关影响因素和安全需求，通过规划设计等技术及管理手段，使综合管廊能够正常运行或者具有即使发生故障也不会造成事故的功能，是本质安全设计的目标。

3.0.3 参照国家标准《城市综合管廊工程技术规范》GB 50838—2015 第 3.0.3 条，并补充了相关内容。国务院文件要求，通过试点示范效应，带动具备条件的城市结合新区建设、城市更新、道路新（改、扩）建，在重要地段和管线密集区建设综合管廊。综合管廊的建设既要体现针对性，又要体现协同性。综合管廊建设要针对需求强烈的城市重要地段和管线密集区，提高综合管廊实施效果；综合管廊建设也要与新区建设、城市更新、道路建设等相关项目协同推进，提高可实施性。

3.0.4 基于地上地下空间一体化建设和集约利用的要求，提出综合管廊建设应当与其他地下设施建设统筹协调、衔接，一方面是集约利用地下空间、整合建设，另一方面是建设时序，有条件时应同步整合建设，或者要考虑分期建设工程的相互影响。

3.0.5 参考国家标准《城市综合管廊工程技术规范》GB 50838—2015 第 3.0.1 条。给水、雨水、污水、再生水、天然气、热力(供冷供热)、电力、通信等城市工程管线可纳入综合管廊。从近几年国内综合管廊建设实践来看，给水、再生水、压力污水管道、热力、供冷、电力、通信等管线入廊适应性强、技术难度小，具有大量入廊成功经验。雨水和污水重力流管道入廊受地形等条件影响较大，同时要考虑对排水管网上下游的影响，国内重庆、厦门、郑州、四平等城市有重力流管道纳入综合管廊的工程实例。我国幅员辽阔，各城市建设场地条件差异较大，可结合技术经济条件，确定重力流排水管渠进入综合管廊的合理性及技术方案。

3.0.6 本条提出综合管廊设计中，应结合城市现状和相关专项规划，在确定入廊管线、进行管廊的断面、平面、纵向及节点等总体设计时，需要重点考虑的有关方面和各项因素，对于建成区需要考虑道路及管线的现状条件及相关规划的要求。

3.0.7 综合管廊的出入口、逃生口、吊装口、进排风口、天然气扩散装置、地面式或半地下式电气设备等设施均有露出地面的部分，此类设施的位置、高度、建筑形式、外观等应与道路交通安全、城市环境景观相一致。监控中心作为单体建筑或与其他建筑合建时，应满足城市设计相关要求。

3.0.8 参照国家标准《城市综合管廊工程技术规范》GB 50838—2015 第 3.0.7 条，并补充缆线管廊内容。综合管廊建设应同步配套消防、通风、供电、照明、监控、火灾自动报警、排水、标识等设施，以满足管廊及管线安全运行维护要求。

沟槽式缆线管廊内部空间不考虑人员通行要求，不需设置通风、消防等附属设施。

3.0.9 参照国家标准《城市综合管廊工程技术规范》GB 50838—2015第4.2.6条。综合管廊配套建设的消防、通风、供电照明、监控报警、排水、安防等附属系统，需要通过监控中心对综合管廊及其内部的各系统运行状况实时监控，及时发现和处理突发状况，保证设施运行安全和智能化管理。国内建设运维的综合管廊基本都是在监控中心的统一监管下运行，可以有效提高运维管理的效率和安全水平，这也是现代化条件下管廊运维的基本条件。

3.0.10 参照国家标准《城市综合管廊工程技术规范》GB 50838—2015第3.0.9条，本条为强制性条款。

综合管廊工程设计内容应包含平面布置、竖向设计、断面布置、节点设计等总体设计，结构设计，以及电气、监控和报警、通风、排水、消防等附属设施的工程设计。纳入综合管廊内的管线均应根据管线介质特点、运行需求和进入综合管廊后的特殊要求进行管线专项设计，并应符合相关专业规范的规定。工程建设经验表明，入廊管线的设计应与综合管廊的设计同步进行，并与综合管廊设计相衔接和协调。

入廊排水管道宜与管廊主体一体设计、一并建设。入廊排水管线因其一般为重力流管线，埋深及坡度对管廊影响较大；同时因其检查井等附属设施较多，当采用混凝土结构时一般与管廊主体共建，管道附属设施对管廊空间影响很大，与管廊一体设计和一并建设有利于避免出现不协调的问题。

4 总体设计

4.1 一般规定

4.1.1 参照国家标准《城市综合管廊工程技术规范》GB 50838—2015 第 5.1.1 条。综合管廊一般在道路的规划红线范围内建设，综合管廊的平面线形应符合道路的平面线形。当综合管廊从道路的一侧折转到另一侧时，往往会对其他的地下管线和构筑物建设造成影响，因而尽可能避免从道路的一侧转到另一侧。

4.1.2 参照国家标准《城市综合管廊工程技术规范》GB 50838—2015 第 5.1.2 条和《城市工程管线综合规划规范》GB 50289—2016 第 4.1.7 条。综合管廊一般宜与城市快速路、主干路、铁路、轨道交通、公路等平行布置，如需要穿越时，宜尽量垂直穿越，条件受限时，为减少交叉距离，规定交叉角不宜小于 60°。

4.1.3 综合管廊的断面形式应根据管线种类和数量、管线尺寸、管线的相互关系、管廊材质、结构形式、施工方法以及运行维护需要等综合确定。由于综合管廊生命周期长，管廊断面应在规划需求基础上进行适度预留。矩形断面空间利用率较高，宜优先采用。明挖施工的现浇钢筋混凝土结构管廊一般为矩形断面，预制钢筋混凝土管廊和钢结构管廊可为矩形、圆形等断面；顶管和盾构法施工的管廊一般为圆形断面，部分顶管管廊采用矩形断面。其他化学管材的管廊多为圆形断面。

4.1.4 部分参照国家标准《城市综合管廊工程技术规范》GB 50838—2015 第 5.1.4 条，并提出集约化布置。综合管廊内的管线为沿线地块服务，应根据规划要求预留管线引出节点。综合管廊建设的目的之一就是避免道路的开挖，在有些工程建设当中，虽然建设了综合管廊，但由于未能考虑到其他配套的设施同步建设，在道路路面施工完成后再建设，往往又会产生多次开挖路面或人行道的不良影响，因而要求在综合管廊分支口预埋管线，实施管线工井的土建工程。同时，由于主干路口处接驳管线较多，因此推荐分支口采取支线管廊的方式集中过路，有条件的也可采用小型化管廊敷设过路。

4.1.5 参照国家标准《城市综合管廊工程技术规范》GB 50838—2015 第 5.4.1 条，该条文属于强条，并补充了口部节点应集约设置及沿管廊纵向布置间距的要求。出入口、逃生口、通风口、吊装口等节点属于综合管廊配套设施，应与综合管廊同步建设，这些口部的布置间距应满足安全运行和本标准相关要求，这些节点通常出露地面，与道路绿化带、人行道相结合，宜优先布置于绿化带或人行道上，并且需考虑其对交通的影响，并与周边建筑环境景观相协调。

节点设施的位置和间距的确定应结合管廊的施工方式以及周边环境的影响而定，对于顶管、盾构等非开挖施工管廊，节点的间距可适当加大，管线分支口的位置宜根据周边地块的需求合理设置。

沟槽式缆线管廊设有开启盖板或工作井，组合排管缆线管廊设有工作井，内部空间不考虑人员通行要求，故一般缆线管廊可不设置上述口部。

4.1.6 参照国家标准《城市综合管廊工程技术规范》GB 50838—2015 第 4.3.2、5.1.8 条。由于入廊管线需在干管及分支管上设置阀门以及排气阀、补偿器等附件，占用空间较大，设计应予以考虑。廊内配备的各种附属设备如照明、排风、监控、消防等设施也需要在管廊沿线布置，特别是管廊顶部布置的自动灭灰装置等，需要占用一定的空间，因此综合管廊断面及节点应充分考虑管道占位与上述因素叠加的空间要求，以满足安装、运行、维护作业需要。

4.1.7 由于部分工程入廊管线专项设计与综合管廊实施脱节，造成后期管线入廊安装困难，因此要求入廊管线设计与综合管廊设计同步，为综合管廊主体设置支墩、预留支吊架或预埋件，以及管道的弯头、管件及阀门等的布置和安装创造条件。

4.1.8 参照国家标准《城市综合管廊工程技术规范》GB 50838—2015 第 5.1.10 条，将吊钩布置的间距适当减少，对于长度 6m 管道，吊钩间距 5m 以便于管道施工。吊钩、拉环的设置可根据当地安装敷设管线工法选择对应的辅助型式，也可在管廊地面或侧壁设置拉环。

4.1.9 综合管廊内的爬梯、楼梯等部件的耐火性能对于保障人员安全很关键，应采用不燃材料制作。

4.1.10 国家标准《城镇燃气设计规范》GB 50028—2006 第 6.3.8 强制性条文规定，地下燃气管道从排水管（沟）、热力管沟、隧道及其他各种用途沟槽内穿过时，应将燃气管道敷设于套管中。其目的是防止燃气泄漏至其他沟槽内。第 7.5.6 条规定，天然气管道敷设在管沟内时，应用干砂填充。国家标准《钢铁企业煤气储存和输配系统设计规范》GB 51128—2015 第 8.2.16 条规定，地下煤气管道不宜敷设在密闭的沟内。当必须敷设在沟内时，应在沟内填满细砂。上述所有规范规定沟内填砂其目的是不允许和杜绝泄漏燃气与空气混合形成爆炸性气体。近几十年的事故调查分析，经验教训也表明采取此措施安全可靠。

中华人民共和国公安部（公消【2016】113 号）《关于加强超大城市综合体消防安全工作的指导意见》规定，超大城市综合体餐饮场所严禁使用液化石油气；设置在地下的餐饮场所严禁使用燃气。城镇地下综合管廊建设近 2～3 年处于蓬勃发展阶段，但含天然气管道舱室的城镇地下综合管廊投入运行的非常少，从设计、施工安装、竣工验收、运行和管理积累的经验欠缺，出于防恐、战争和避免造成人员重大伤亡以及财产损失考虑，制定本规定。

4.1.11 根据综合管廊所处的道路条件，对于地势低洼或道路排水能力不足的地区，可考虑利用雨水舱和独立污水管道舱作为短期蓄水空间，缓解道路排水困难。相应的舱内附属设施如电力、监控及排水等设施宜根据使用条件适当调整。

4.1.12 综合考虑廊内环境对运维人员的影响、环境温差对廊体结构的影响、廊内温度对给水管线的影响，提出廊内设计温度不宜大于40℃的要求。

4.2 管线入廊

4.2.1 该条明确了管线入廊设计需要重点考虑的相关因素，并要结合社会经济发展状况分析工程安全、技术、经济及运行维护等因素。

4.2.2 重力流排水管线入廊应结合排水相关规划、高程系统条件、地势坡度、管线过流能力、支线数量、施工工法、安全性、经济性及入廊后对现状管线系统的影响等综合确定。在平原地区，地势平坦，综合管廊纵坡往往不能满足重力流排水管道纵向坡度的要求，排水管线入廊将会大大增加管廊埋深，增加工程造价，且排水管道特别是污水管道入廊会存在一定安全隐患。当地势有较大坡度，重力流排水管线纳入综合管廊不会导致管廊埋深增加较大，且污水管道口径较小时，可以考虑污水管线入廊，雨水管道一般管径较大，纳入管廊会增大管廊断面尺寸，增加造价，因此应根据具体的场地条件，满足综合管廊的纵坡和高程要求，通过技术经济比较，确定是否将重力流排水管线纳入综合管廊。综合管廊应结合当地海绵城市建设要求，在管廊建设中充分考虑雨水收集、调蓄和利用功能，尽可能使雨水管渠、箱涵和综合管廊结合共同建设，节省地下空间。

4.2.3 天然气管线入廊需满足相关安全规定，技术上是可行的。需考虑管廊周边环境条件对于安全的要求。由于其要求单舱设置且管材、监控等安全要求高，入廊会显著增加管廊整体投资，因此需要综合考虑后确定是否纳入综合管廊。

根据《城镇燃气设计规范》GB 50028—2006（2020版）第6.4.12~6.4.15条，高压燃气管道不宜进入城镇四级地区，敷设于四级地区的燃气管道设计压力不宜大于1.6MPa（表压）。从城市社会发展的角度考虑，建设阶段属于一、二级地区的城镇区域，远期即变为三、四级地区。故规定城市地下综合管廊中的天然气管道设计压力不应高于 1.6MPa（表压）。当设计压力大于 1.6MPa 的天然气管道需要敷设在综合管廊内时，应进行安全风险评估，在风险可控且采取安全保障措施后，可敷设在综合管廊内。

4.2.4 根据国内外工程实践，各种城市工程管线均可敷设在综合管廊内，通过科学合理布置和安全保护措施可确保管线在综合管廊内安全运行，因此给水、再生水、电力、通信、热力、广播电视、天然气、垃圾气力输送管线及污水压力流管线、重力流雨水、重力流污水等城市工程管线原则上均可纳入综合管廊。给水、再生水、电力、通信、热力、广播电视管线入廊的技术成熟，除热力管线不应与电力管线同舱敷设外，其他管线可同舱敷设，并且目前以上管线入廊的国内外工程案例较多。

1~3 经调研给水、再生水管线当管径大于或等于 *DN*1200 时，应考虑其对管廊断面尺寸、造价和安全运行的影响；*DN*1000 以上供热管线由于补偿器占用空间较大，全线设置易造成空间浪费，并显著增加投资。同样进入综合管廊的污水管道管径过大将增大综合管廊断面，因此规定不宜超过 *DN*1200。

目前缆线管廊中可容纳小管径的配给管线，依据《海南省地下综合管廊建设及运行维护技术标准》DBJ 46-052—2019 第 6.5.3 条和《雄安新区综合管廊工程设计导则》第 8.5.1 条，缆线综合管廊可纳入管径不大于 *DN*300 的配给性给水管线。

4 规定进入管廊中的天然气管道最小公称管径，其主要目的是考虑其经济合理性和管材的选择。现阶段我国城镇中、低压燃气管道一般采用钢管和聚乙烯管以及钢骨架聚乙烯塑料复合管，全寿命期的价格比较分界面基本在 *DN*250 ~ *DN*300 之间，大于 *DN*300 采用钢管稍便宜。小于和等于 *DN*300 采用聚乙烯管或钢骨架聚乙烯塑料复合管较为经济。

5 根据国内外已建项目设计、运营经验，垃圾气力输送管道公称直径不宜小于 *DN*500，管径过小导致系统压损较大，运行能耗较高，且易堵塞，在管廊设计时应按不小于公称直径 *DN*500 来设计气力垃圾管道。

入廊管线管径超出本条规定范围时，可通过技术经济论证确定是否纳入综合管廊。

4.3 断面设计

4.3.1 矩形断面的空间利用效率高于其他断面，因而一般具备明挖施工条件时往往优先采用矩形断面。但是当施工条件受到制约必须采用非开挖技术如顶管法、盾构法等非开挖技术施工综合管廊时，一般可采用圆形或矩形。预制拼装地下综合管廊宜在满足结构受力的前提下，综合考虑施工工法、断面利用率和现场拼装等因素，选择合适的断面型式，一般可采用矩形、圆形或类圆形断面。浅埋沟槽式缆线管廊多采用矩形断面。

4.3.2 综合管廊断面布置应综合考虑道路断面、地下轨道交通及其他地下设施等因素，露出地面附属构筑物一般会布置在绿化带或人行道上，因此需考虑与周围景观相协调。当综合管廊与其他地下设施整合建设时，受多种因素制约，管廊的舱室数量、断面形式、断面尺寸等宜根据地下设施的情况协调布置。

4.3.4 部分参照海南省地标《海南省地下综合管廊建设及运行维护技术标准》DBJ 46-052—2019 第 6.4.2 条，综合管廊舱室布置时应充分考虑入廊管线的相容性，管线在舱室内位置的设置，主要考虑安装和运维的便利，多舱管廊舱室的位置，主要考虑管线在分支口向服务地块出线的便利。均为干线舱室或支线舱室时，向地块出线较多的舱室宜布置在外侧。

4.3.5 部分参照国家标准《城市综合管廊工程技术规范》GB 50838—2015 第 4.3.4 条。因天然气具有易燃易爆的特性，当条件允许时，天然气管道敷设在独立舱室内，以便于管理、维护；天然气管道舱室发生爆炸事故的极端状态下，设在其他舱室上部的天然气管道舱室造成次生灾害的损失应该远小于设在中间或下部。当受条件限制时，考虑到地下空间的集约化有效利用，天然气管道也可与不承担城市消防供水的给水管道、再生水管道共舱敷设，但不应与热力管道、污水管道、非天然气舱或非天然气管道配套的电缆共舱。与天然气管道共舱的给水管道、再生水管道系统应满足敷设在易燃易爆环境的要求。

4.3.6 热力管道的敷设要求：

1 依据国家标准《城市综合管廊工程技术规范》GB 50838—2015 第 4.3.5 强制性条文，由于蒸汽管道事故时对管廊设施的影响大，应采用独立舱室敷设。

2 依据国家标准《城市综合管廊工程技术规范》GB 50838—2015 第 4.3.6 强制性条文。根据国家标准《电力工程电缆设计标准》GB 50217—2018 中第 5.1.9 条，做出相关规定。综合管廊自用电缆除外。

3 依据国家标准《城市综合管廊工程技术规范》GB 50838—2015 第 4.3.8 条。如入廊热力管道断面较大时，在提高热力管道保温标准、满足综合管廊内环境温度要求（不大于 40℃）的前提下，可将热力管道布置在给水管道下方。

4.3.7 电力电缆舱的布置要求：

1 多层舱室管廊各个舱室的位置应考虑各管线的特性、需求、制约因素等，同时应考虑各管线支线出廊需求、安装维护条件、事故工况危害程度等因素，据此提出电力舱不宜布置在给水管道舱下方，不应布置在排水箱涵会排水管道舱正下方。

2 参考北京市《城市综合管廊工程技术要点》相关规定，对于 110kV 以下电压等级电缆，可与给水、再生水等管道共同敷设于综合舱内，在全国多地综合管廊建设项目中，得到各方认可并取得了良好效果。

4 部分依据国家标准《城市综合管廊工程技术规范》GB 50838—2015 第 4.3.7 条。当通信线缆采用电缆时，考虑到高压电力电缆可能对通信电缆的信号产生干扰，故 110kV 及以上电力电缆不应与通信电缆同侧布置，也可增设屏蔽线或对高压电缆增设保护套进行防护，以减小对通信电缆信号传输影响。当采用通信光缆时，可不受此条件限制。

4.3.8 依据国家标准《城市综合管廊工程技术规范》GB 50838—2015 第 4.3.9、4.3.10 条。法国巴黎自 1832 年开始建设地下合流制排水沟，不仅解决了巴黎市区的雨污水排除需要，后续其上部空间又敷设了给水、电力、电信等其他管线，形成了最早期的城市地下综合管廊。因雨水腐蚀性较弱，其水量较大，进入综合管廊内，可利用综合管廊结构本体排水，但其混凝土厚度应满足 100 年使用要求，同时解决好综合管廊本体变形缝处的防渗漏要求。

由于污水中可能产生的有害气体具有一定的腐蚀性，同时考虑综合管廊的结构设计使用年限等因素，因此污水进入综合管廊，无论压力流还是重力流，均应采用管道方式，不应直接利用综合管廊结构本体。污水管道坡度与地势总体坡度相适应且廊内空间满足污水管道运输、安装、检修要求的，可与其他管道共舱设置。有些地方老城区排水系统尚存在合流制片区，合流制地区排水应视为污水，纳入综合管廊时与污水管道设计标准一致。

4.3.9 部分依据国家标准《城市综合管廊工程技术规范》GB 50838—2015 第 5.3.1 条。规定管廊标准断面内部净高不宜小于 2.4m。综合管廊断面净高应考虑头戴安全帽的工作人员在综合管廊内作业或巡视所需要的高度，并应考虑通风、照明、监控等因素。江苏指南规定干线管廊的内部净高不宜小于 2.2m，支线管廊的内部净高不宜小于 1.9m，日本指南规定管廊标准断面净高不宜小于 2.1m，主要是考虑到穿戴安全设备的检修人员平均身高 1.8m，顶部照明灯具 0.2m、底部找平层 0.1m。

行业标准《城市电力电缆线路设计技术规定》DL/T 5221—2016 第 4.5.2 条规定：电缆隧道内通道净高不宜小于 1.9m，可供人员活动的短距离或与其他管沟交叉的局部段净高，不应小于 1.4m。

国家标准《电力工程电缆设计标准》GB 50217—2018 第

5.6.1 条规定：（1）电缆隧道内通道的净高不宜小于1.9m，与其他沟道交叉的局部段净高，可降低但不应小于1.4m；第5.7.1条规定电缆夹层的净高，不宜小于2.0m。考虑到综合管廊内容纳的管线种类数量较多及各类管线的安装运行需求，同时考虑到综合管廊内顶部安装的消防、监测设施较多，以及为未来综合管廊升级改造预留空间，如综合管廊内可能加装巡检轨道机器人，结合国内工程实践，本次标准干线和干支混合综合管廊内部净高提高至不宜小于2.4m，支线管廊高度提高至不宜小于2.1m，缆线综合管廊不宜大于1.8m，缆线综合管廊的封闭式工作井不宜小于1.9m。

国家标准《民用建筑设计统一标准》GB 50352—2019 第6.6.6 条，建筑用房的室内净高应符合国家现行相关建筑设计标准的规定，地下室、局部夹层、走道等有人员正常活动的最低处净高不应小于2.0m。本标准有人员通行需求的净高提高至2.0m。

4.3.10 部分参照国家标准《城市综合管廊工程技术规范》GB 50838—2015 第5.3.3 条。综合管廊通道净宽首先应满足管道安装及维护的要求，同时综合现行行业标准《城市电力电缆线路设计技术规定》DL/T 5221—2016 第4.5.2 条、国家标准《电力工程电缆设计标准》GB 50217—2018 第5.5.1 条的规定，确定检修通道的最小净宽。对于容纳输送性管道的综合管廊，宜在输送性管道舱设置主检修通道，用于管道的运输安装和检修维护，为便于管道运输和检修，并尽量避免综合管廊内空气污染，主检修通道宜配置电动牵引车，参考国内小型牵引车规格型号，综合管廊内适用的电动牵引车尺寸按照车宽1.4m定制，两侧各预留0.4m安全距离，确定主检修通道最小宽度为2.2m。

4.3.11 依据国家标准《城市综合管廊工程技术规范》GB 50838—2015 第5.3.6 条。综合管廊的管道安装空间应满足管道焊接、附件安装要求，管道的连接一般为焊接、法兰连接、承插连接。根据日本《共同沟设计指针》的规定，管道周围操作空间根据管道连接形式和管径而定。通过调研国内管廊建设中入廊管线管径情况综合确定。

行业标准《城镇供热管网设计规范》CJJ 34—2010 第 8.2.7 条的要求，通行管沟中管道保温外表面与沟内壁的净距应大于200mm；天然气管道和垃圾气力输送管道均要求净距大于300mm。根据近年来的工程实践，普遍反映现行国家标准《城市综合管廊工程技术规范》GB 50838 中给出的尺寸偏大，远远大于现有专业标准中的净距，造成综合管廊的工程投资增加。鉴于上述情况，本标准在现行国家标准《城市综合管廊工程技术规范》GB 50838 的基础上将净距尺寸适当地减少，但考虑到综合管廊的特殊性，仍比现有各专业标准中的净距尺寸要大。

4.3.12 电力电缆的断面布置：

1 部分依据国家标准《城市综合管廊工程技术规范》GB 50838—2015 第 5.3.4 条规定内容，部分依据国家建筑标准设计图集《综合管廊工程总体设计及图示》17GL101 电缆支架的长度除应满足敷设电缆水平净距及其固定装置空间要求外，宜在满足电缆弯曲、水平蛇形和温度升高所产生的变形量的基础上，增加 50mm～100mm；电缆支架的层间垂直距离应满足敷设电缆及其固定、安置接头的要求，同时应满足电缆纵向蛇形敷设幅宽及温度升高所产生的变形量要求；电缆支架间的最小净距以及最上层支架距顶板、最下层支架距底板的最小净距，除满足规范要求外，同时应大于支架上所敷设电缆直径的两倍，且不宜小于表 1 所列数再加 80mm～150mm 的和值。最上层支架应预留线槽作为电力通信光缆、消防、自用电缆专用通道。最上层支架距其他设备的净距，不应小于 300mm；当无法满足时应设置防护板。

电力电缆支架层间垂直距离应便于电缆敷设和固定，在多根电缆同层支架敷设时，有更换或增设任意电缆的可能，电缆支架层间允许最小净距可按表 1 的计算后确定。

表 1 电缆支架层间允许最小净距（mm）

电缆类型及敷设方式		支架层间最小净距
控制电缆		120
电力电缆	电力电缆每层一根	D+50
	电力电缆每层多于一根	2D+50
	电力电缆三根品字形布置	2D+50
	电缆敷设于槽盒内	H+80

注：1 D——电力电缆标称外径（mm），H——槽盒外壳高度（mm）；

2 需放置接头时，支架层间净距应以能方便放置和更换接头为宜。

2 依据《电力工程电缆设计标准》GB 50217—2018 第 5.6.3 条，《城市电力电缆线路设计技术规定》DL/T 5221—2016 第 4.1.3 条和《电力电缆隧道设计规程》DL/T 5484—2013 第 12.1.3 条综合考虑制定本条款。

4.3.13 本条是关于通信线缆桥架宽度和层间距的规定。通信线缆桥架宽度和层间距应便于通信线缆敷设固定、检修、维护作业所需要的空间要求。

4.4 平面设计

4.4.1 综合管廊的平面中心线一般与道路平面中心线协调一致，同时结合道路断面情况，并需要考虑现状地下管线及地下设施及规划地下设施，以及相邻建筑、河道、轨道、桥梁、地下场站等设施的位置与管廊的关系，当道路断面较大，道路两边地块对管线需求均较大时，综合管廊也可在道路两侧分别布置。

4.4.2 综合管廊设置在绿化带或非机动车道下，便于后期管廊建设及入廊管线施工。

1 干线综合管廊主要连接原站（如自来水厂、发电厂、热力厂等）与支线综合管廊，主要容纳城市主干工程管线，干线综合管线分支口少，对道路影响小，可布置于道路机动车道下或具有较宽中央绿化带道路的中央绿化带下。

2 干支混合综合管廊和支线综合管廊均有将各种供给从干

线综合管廊分配、输送至各直接用户的功能，综合管廊管线分支口多，为减少对地下管线与基础设施影响，且尽量靠近用户，支线综合管廊宜布置于道路绿化带、人行道或非机动车道下。

3 缆线管廊一般埋深较浅，管廊不设置人行通道，在管廊顶部配置盖板便于检修，宜布置在人行道下。如缆线管廊采用组合排管结构，管线在节点处检修，缆线管廊可布置在非机动车道或绿化带下。

4 综合管廊外露节点布置在道路绿化带或人行道区域主要是考虑节点出地面设施的布置。

4.4.3 参照国家标准《城市综合管廊工程技术规范》GB 50838—2015 第5.2.2条综合管廊与相邻地下管线及地下构筑物的最小净距的规定。

4.4.4 参照国家标准《城市综合管廊工程技术规范》GB 50838—2015 第5.2.3条。同时应考虑设置检修车通道的管廊转弯半径应满足检修车的转弯要求。

4.4.5 弧形段热力管道自然补偿的方式很难实施。如果采用补偿器，则补偿段很短，增加了补偿器和固定支架的数量，而且补偿器的导向是一个难点。所以管廊设计时，尽量避免弧形段管廊。

4.4.6 参照国家标准《城市综合管廊工程技术规范》GB 50838—2015 第5.1.6条。

4.4.7 综合管廊折角位置管线转变方向需要空间增大，在此处设置节点，势必增加结构尺寸，增加工程造价，应尽量避免管廊节点设置在管廊折角位置处。

4.5 纵向设计

4.5.3 综合管廊在纵向上的最小转弯半径及纵向空间，应根据所容纳的管线管径、转弯半径以及检修空间等综合确定，确保所有入廊管线均能顺利转向。综合管廊各类节点交叉部位，竖向空间的设计应考虑管线的弯曲半径要求，工程实践中发现有些工程设计忽视了这个问题。

4.5.4 综合管廊覆土厚度的影响因素较多，覆土厚度直接影响工程造价，且应考虑相交叉的一些小型直埋管线空间需求，因此，应根据工程具体条件综合考虑技术经济性后确定。缆线管廊覆土厚度应根据工程具体环境条件，结合缆线管廊所处位置宜尽量浅埋。

4.5.5 参照国家标准《城市综合管廊工程技术规范》GB 50838—2015 第 5.2.2 条。

4.5.6 参照国家标准《城市综合管廊工程技术规范》GB 50838—2015 第 5.2.1 条。考虑综合管廊结构安全性要求，综合管廊应在河床稳定河段穿越。综合管廊在河床下的埋置深度还应该综合考虑到河道整治、抗冲刷、临时抛锚等因素。

4.5.7 参照国家标准《城市综合管廊工程技术规范》GB 50838—2015 第 5.2.6 条。提出坡度与道路一致且不宜小于 0.2%，满足排水要求。缆线管廊的纵向坡度也应满足排水要求。对于有检修车通道的管廊，纵向坡度应满足检修车辆通行要求。

4.5.8 对于采用顶管及盾构工法的综合管廊，其适宜的最大坡度，要考虑施工工艺、检修、运输等要求。

4.5.9 干线、干支混合和支线综合管廊与管道交叉时，一般管道避让管廊方案较为经济，宜首选管道避让措施。当综合管廊与大直径重力管道交叉时，应经过技术经济比较后确定交叉避让方案。缆线管廊因断面较小且埋深较浅，其与其他管线的交叉处理可不受此条文限制。

4.6 节点设计

4.6.1 参照国家标准《城市综合管廊工程技术规范》GB 50838—2015 第 5.4.2 条。综合管廊的吊装口、进排风口、人员出入口等节点设置是综合管廊必要的功能性要求。这些口部构筑物由于需要露出地面，往往会形成地面水倒灌的通道，为了保证综合管廊的安全运行，应当采取技术措施确保在道路积水期间地面水不会倒灌进管廊，一般口部应高于室外地坪0.5m，若口部内部设置内排水等有效措施，可适当降低口部高度。

4.6.2 参照国家标准《城市综合管廊工程技术规范》GB 50838—2015第5.4.3条，人员出入口与地下综合管廊连接形式应根据管廊覆土厚度以及出地面占地限制条件综合考虑。综合管廊人员出入口是日常巡检的主要入口，因此有必要对其做更明确具体的设计要求，本条对人员出入口布局间距、舱室间防火分区要求、出入型式以及净高净宽要求做了具体的规定，采取顶入式以减少人员出入口对管廊舱室内管线的影响。

4.6.3 参照国家标准《城市综合管廊工程技术规范》GB 50838—2015第5.4.4条，增加了对逃生口竖向爬梯高度过高的平台设置的规定，要求完善防坠落措施。

参考北京市《城市综合管廊工程技术要点》规定，敷设给水、再生水、通信线缆、热力（热水）管道的舱室，可相互作为逃生通道，并可兼做电力舱室的逃生通道。考虑事故应急和人员的安全问题，规定了对于开挖施工的综合管廊，直接出地面的逃生口间距不宜大于600m，对于盾构、顶管等非开挖施工的综合管廊，直接出地面的逃生口间距不宜大于1200m。

4.6.4 参照国家标准《城市综合管廊工程技术规范》GB 50838—2015第5.4.5条，在规范的基础上，增加吊装口细部设计规定。双舱或多舱合并吊装口时，往往在夹层处忽略对内吊装口防火分隔的要求，由于吊装口的使用频率较低，因此可采取可开启的防火盖板或配以防火沙袋来起到隔离作用。以保证管道水平移动、吊装的要求和防止人员意外坠落。

4.6.5 参照国家标准《城市综合管廊工程技术规范》GB 50838—2015第5.4.6条，综合管廊应充分考虑风机吊装与检修的操作空间问题，本条对风机吊装空间做具体规定。

4.6.6 参照国家标准《城市综合管廊工程技术规范》GB 50838—2015第5.4.7条的强制条文。参考日本《共同沟设计指针》第5.9.1条：自然通风口中“燃气隧洞的通风口应该是与其他隧洞的通风口分离的结构。”第5.9.2条：强制通风口中“燃气隧洞的通风口应该与其他隧洞的通风口分开设置”。为了避免天然气管道舱内正常排风和事故排风中的天然气气体进入其他舱室，并可能聚集引起的危险，做出水平间距10m规定。

4.6.7 参照国家标准《城市综合管廊工程技术规范》GB 50838—2015第5.4.8条，逃生口出地面盖板宜具有远程开启功能，从自动控制的系统层面为人员逃生增加安全保障。

4.6.8 综合管廊随道路敷设，其出地面各种口部节点设施（人员出入口、通风口、逃生口、吊装口等）以及天然气放散管、电气设备等对道路红线范围内均有一定影响，这些设施的设置位置不当，或将对道路以及管廊带来严重安全隐患，因此明确其布置方式等要求。露出地面的设施应与周边环境相协调，可采取绿化消隐等美化措施。

4.6.9 盾构或顶管施工的综合管廊，其露出地面的口部的宜集约布置于盾构或顶管施工的始发井和接收井之中，减少口部对于盾构或顶管段的影响，便于施工，降低造价，也是工程中常用的做法。

4.6.10 管线分支口作为综合管廊功能的实现终端，其设计的合理性直接影响综合管廊的效能，因此应对其设置预留方式、与廊外管线的衔接方式、防水性、可扩容性等做出规定。宜浅埋以便于与外部市政管线接驳，若埋深较深时，可采取局部抬升措施以便于管线安装与敷设。

4.6.11 上述部位的埋件是工程设计中经常被忽视的部位，容易造成安全隐患。

4.6.12 舱室内天然气管道补偿宜采用方形补偿方式，也可采用其他可靠的补偿技术。

4.6.13 舱室性质相容是指两向管廊的舱室内各自容纳的管线不具有冲突性的情况，可在保证节点防火阻隔有效性措施的前提下，考虑人员互通性。可设置防火隔墙和防火门以实现各舱室防火分区的独立性。交叉节点处当小于60°交角时可通过扩大节点的方式满足各类管线转弯半径等要求。

4.6.14 地下综合管廊在敷设沿线上往往需要变电配合管廊供电，可采取地上箱式变电和地下式变电所，为了更集约化，地下式变配电宜利用综合管廊上部覆土空间与管廊合建，并满足相关规定。地下变配电所服务范围应包含工程范围内其他市政设施，容量宜统筹考虑工程范围内其他市政设施的用电需求。

4.6.15 参照国家标准《城市综合管廊工程技术规范》GB 50838—2015 第5.2.5条制定。综合管廊内管线与廊外管线连接处，应采取可靠的防水密封措施，避免地下水渗漏，实际工程中有渗漏水的情况，对管廊运维造成影响。管线进出管廊处，由于敷设方式不同、地基处理条件不同，特别是软土地基条件下，容易产生不均匀沉降。设计中应采取措施，避免不均匀沉降对管线的影响。

4.7 监控中心设计

4.7.1 管廊监控中心是综合管廊运行维护的重要设施，监控中心的总体布置应结合城市区划及综合管廊的总体规模、系统布局及分区建设情况、管理单位情况、管廊长度及距离等条件，合理确定控制中心的分级及各层级控制中心的布置。监控中心宜根据综合管廊总体布局，道路、交通等情况综合考虑，因地制宜地采用集中与分散相结合方式布置。分期建设的综合管廊工程可设置临时监控站。监控中心宜与邻近公共建筑合建以集约用地，同时建筑面积应考虑未来发展要求。监控中心宜靠近综合管廊主线，宜在监控中心与管廊之间设置便于维护管理人员快速进出通道。

4.7.2 综合管廊监控中心可分为城市级、区域级（或组团级）和项目级三级，具体城市综合管廊监控中心层级的设置，根据综合管廊的规模和运营管理需求而定，上层级监控中心可与下层级监控中心合并设置。

当城市规划建设多区域综合管廊时，宜建立市级、项目级两级管理机制；特大及以上规模城市可增设区级监控中心，形成市级、区域级、项目级三级监控中心。城市级监控中心宜与规模较大的区域级监控中心合并设置，区域级监控中心宜与规模较大的项目级监控中心合并设置。考虑日常管理的和应急管理的需求，监控中心应靠近综合管廊设置；项目级监控中心运维半径不宜大于10km。

4.7.3 参照国家标准《城镇综合管廊监控与报警系统工程技术标准》GB/T 51274—2017制定。监控中心是综合管廊运营管理最为重要的建筑之一，应具有较高的安全性和可靠性。考虑到监控中心的整体安全需要、监控中心内设备布置、环境等要求，宜将其设置为独立专有建筑或建于公用建筑的独立空间内。

4.7.4 监控中心内的设备和系统对于保障综合管廊正常运行，保障城市生命线的正常运行十分重要，一旦发生火灾，将给国家和企业造成重大的经济损失和社会影响，适当控制建筑物耐火等级十分必要。

4.7.6 为了保证监控中心各相关系统安全可靠，避免设备或管线同时发生故障。

4.7.7 本条文中通道跨度和设备间距的规定，主要是从人员安全、设备运输、检修、通风散热等方面考虑的。对于成行排列的机柜（架），考虑到实际中会遇到柱子等的影响，通道的宽度局部可为0.8m。

4.7.8 防静电活动地板的铺设高度，应根据实际需要确定（在有条件的情况下，应尽量提高活动地板的铺设高度），当仅敷设电缆时，其高度一般为250mm左右；当既作为电缆布线，又作为空调静压箱时，可根据风量计算其高度，并应考虑布线所占空间，一般不宜小于500mm。当机房面积较大时，线缆较多时，应适当提高活动地板的高度。

当电缆敷设在活动地板下时，为避免电缆移动导致地面起尘或划破电缆，地面和四壁应平整而耐磨；当同时兼作空调静压箱时，为减少空气的含尘浓度，地面和四壁应选用不易起尘和积灰、易于清洁且具有表面静电耗散性能的饰面涂料。

5 管线设计

5.1 一般规定

5.1.1 参照国家标准《城市综合管廊工程技术规范》GB 50838—2015 第 6.1.1 条，为强制性条文。入廊管线设计应以综合管廊总体设计为依据，在此基础上，两者应协调配合，并同步开展。

5.1.2 参照国家标准《城市综合管廊工程技术规范》GB 50838—2015 第 6.1.2 条，综合管廊内的环境空气湿度相对较大，只有对金属材料做好防腐蚀措施，才能保证管道及支架的安全和预期的寿命。

5.1.3 参照国家标准《城市综合管廊工程技术规范》GB 50838—2015 第 5.1.7 条，为强制性条文。包括给水、再生水、压力排水、天然气、热力、垃圾气力输送等具有压力的管道。综合管廊内敷设带有压力的管道在出现意外情况或事故时，应能快速可靠地通过阀门进行控制关断，为便于综合管廊内管线维护人员的操作，需要在综合管廊外设置管道进出管廊的关断阀门及阀门井。

综合管廊两端设置的端头井是入廊管线进出管廊的关键界面，具有管线分支口的特性但规模上大于管线分支口，因此端头井的空间设计应满足全部入廊管线规模数量的要求，同时端头井宜设置检修人孔便于安装维护。

5.1.4 天然气管道、垃圾气力输送管道和蒸汽管道均属于输送气体的管道，管廊遭受到水淹时，水会将管道浮起，对管道产生危害，管道应进行抗浮验算。排水管线等其他管线根据工程需要也应进行抗浮验算。

5.1.5 管道支架间距，应根据管道荷载、内压力及其他作用力等因素，按强度条件和刚度条件分别计算，取计算结果的最小值确定。现行国家标准《压力管道规范 公用管道》GB/T 38942 已有明确的规定。

5.1.6 由于管廊内管道及缆线均为架空敷设，管道的抗震计算参照现行国家标准《压力管道规范 公用管道》GB/T 38942、现行行业标准《石油化工非埋地管道抗震设计规范》SH/T 3039 的有关规定；支吊架的抗震设计需满足现行国家标准《建筑抗震支吊架通用技术条件》GB/T 37267、国家建筑标准图集《装配式管道支吊架（含抗震支吊架）》18R417-2 的有关规定。

5.1.7 管道或缆线穿越内部墙体时，消防的要求需要进行防火封堵措施。在综合管廊内尤其是舱室之间的隔断部位采用了大量的防火封堵设施，封堵孔洞面积大、数量多，防火封堵材料和防火封堵组件的理化性能应满足综合管廊的工况环境条件要求，其防火、防烟和隔热性能应达到防火分隔的性能要求。

随着技术的发展进步，除了阻火包，国内外研发了一些新的防火封堵材料及封堵组件，在理化性能和防火性能方面都有了很大提高。在综合管廊中，应选择那些便于施工、便于拆装、防水防潮防腐性能好、不腐蚀电缆管道、不影响电力电缆载流量的防火封堵材料及封堵组件。

为远期预留的管道和管线的孔洞设计应提出临时封堵要求，施工中应按图施工。

5.1.8 参照国家标准《室外给水排水和燃气热力工程抗震设计规范》GB 50032—2003 第 10.3.8 条。采用套管加柔性填充材料和设置柔性连接，是减少管廊主体与管道地震作用下的相互影响以及保护与管道相连接设备的措施。

5.2 给水、再生水管道

5.2.1 现行国家标准《室外给水设计标准》GB 50013 和《城镇污水再生利用工程设计规范》GB 50335 是室外给水的基础设计标准，必须遵照执行。

5.2.2 综合管廊中常用的化学管材有聚乙烯（PE）管、硬聚氯乙烯（PVC-U）管和玻璃钢管等。PE 管管材应符合现行国家标准《给水用聚乙烯（PE）管道系统》GB/T 13663 的有关规定；PVC-U 管材应符合现行国家标准《给水用硬聚氯乙烯（PVC-U）管材》GB/T 10002.1 的有关规定；玻璃钢管管材应符合现行国家标准《玻璃纤维增强塑料夹砂管》GB/T 21238 等相关标准。

PE 管一般采用电热熔连接或法兰连接，UPVC 管道一般采用胶粘剂连接或法兰连接，玻璃钢管可采用承插连接、套筒接头或粘结接头。塑料管和玻璃钢管具有较好的耐久性，其水力条件较好，无需做内外防腐处理。综合管廊内塑料管和玻璃钢管使用时当与热力管道同舱时，要考虑环境温度影响。同时当在综合舱内使用且与电力电缆等同舱时，还要考虑火灾影响。

此外，塑料管和玻璃钢管在综合管廊内作为架空管道要考虑其材料刚度与时间关系。目前国内尚无化学管材管道自承式架空敷设的管道结构设计标准，管廊内供水管道采用化学管材管道的工程案例较少，应加强化学管材管道入廊的设计技术研究和工程应用。

5.2.3 综合管廊内供水管道均为架空敷设，无回填土作用力效应，管材的连接方式成为选择管材的重要考虑因素。为保证管道运行安全、减少支墩所占空间，管廊内给水管道一般采用纵向与管材等强度（可传力）的连接方式，如焊接、熔接或粘结等。当管道采用柔性接口连接时，可采用法兰连接、限位接头或弯头固定支墩等抗拉脱稳定措施。在管道弯头位置设置固定支墩困难时，可以将弯头处的钢管的直线段延长，在直线段上设置固定支墩。当近似直线段或弧形线段上管道借转角较大时，应采取措施保证支墩能够承受借转角产生的推力。

5.2.4 管道结构设计主要是验算支座处管道的局部应力应满足规范要求，具体计算可参照现行协会标准《自承式给水钢管跨越结构设计规程》CECS 214 的相关内容。管道支撑形式包括固定支墩和滑动支墩。固定支墩设计计算时应考虑管道的设计内水压力以及温度应力等作用产生的支墩反力。滑动支墩设计时一般应考虑纵向摩擦力，同时还应考虑地震作用。

鉴于一般入廊的给水管道的管径在 *DN*1600 以内，滑动支墩的形式采用鞍形（或称弧形）支座比较常见，其受力合理且制作施工比较简单，当管道直径更大时，可考虑采用其他支座形式。钢管滑动支墩一般有两种做法，第一种为滑动导向支座支墩，即上部为钢结构滑动导向支座，下部为混凝土支墩。滑动导向支座一般为成品，在钢支座底部平板与预埋在混凝土支墩顶部钢板之间设置有聚四氟乙烯滑动摩擦副，允许纵向水平滑动且摩擦系数较小。第二种滑动支墩采用钢筋混凝土弧形支墩，钢管和弧形支墩之间设置有聚四氟乙烯垫板或橡胶垫板，以利于钢管与支座之间产生滑动，弧形支座的支承角角度依据计算确定，一般可取 120°~180°。

工程设计中根据抗震烈度情况在各滑动支座（支墩）处尚应设置抱箍构造措施以保证管道横向位置的稳定，抱箍也可间隔设置。

1）数据来自国家建筑标准设计图集《综合管廊给水管道及排水设施》17GL301、17GL302 中。

2）球墨铸铁管设置 2 个支墩能更好地保证管道的同轴度。6m 一节的球墨铸铁管滑动支墩间距 4.0m~4.8m，支墩距两端承插口间距 0.5m~1.0m。8.15m 一节的球墨铸铁管滑动支墩间距 6m~7m，支墩距两端承插口间距 0.5m~1.0m。

3）其他化学材料及复合材料管道，其刚度区别较大，应根据管道的刚度条件进行计算，保证管道不会产生下垂现象。

5.2.5 金属管道的内外防腐做法主要包括钢管内外防腐做法、焊接钢管接口内外防腐做法及球墨铸铁管内外防腐做法，具体详见表 2~表 7，公称直径小于 *DN*800 的钢管可采用法兰连接、沟槽式连接或承插连接。

表 2　钢管外防腐做法选用表

涂层结构	涂层厚度	
	普通级	加强级
聚乙烯	DN≤65:不小于 0.5mm	DN≤65:不小于 0.6mm
	80≤DN≤150:不小于 0.6mm	80≤DN≤150:不小于 1.0mm
	200≤DN≤500:不小于 0.8mm	200≤DN≤300:不小于 1.2mm
	550≤DN≤750:不小于 1.0mm	350≤DN≤500:不小于 1.3mm
	800≤DN≤1200:不小于 1.2mm	550≤DN≤750:不小于 1.5mm
		800≤DN≤1200:不小于 1.8mm
环氧煤沥青	四油一布(底料、面料、面料、玻璃布、面料、面料):不小于 0.4mm	六油二布(底料、面料、面料、玻璃布、面料、面料、玻璃布、面料、面料):不小于 0.6mm
环氧树脂	DN≤65:不小于 0.3mm	DN≤65:不小于 0.35mm
	80≤DN≤500:不小于 0.35mm	80≤DN≤500:不小于 0.4mm
	550≤DN≤750:不小于 0.4mm	550≤DN≤750:不小于 0.45mm
	800≤DN≤1200:不小于 0.45mm	800≤DN≤1200:不小于 0.5mm
多层防腐	环氧富锌或环氧铁红底漆 1 遍,40~50μm	环氧富锌或环氧铁红底漆 1 遍,40~50μm
	环氧云铁中层漆 2 遍,70~80μm/遍	环氧玻璃鳞片中层漆 2 遍,120~150μm/遍
	环氧彩色面漆 2 遍,30~40μm/遍	环氧彩色面漆 2 遍,30~40μm/遍
聚脲	不小于 1.0mm	不小于 2.5mm
聚氨酯	不小于 0.5mm	

表3　钢管内防腐做法选用表

涂层结构	涂层厚度		
聚乙烯	*DN*≤65:不小于0.4mm		
	80≤*DN*≤150:不小于0.5mm		
	200≤*DN*≤500:不小于0.6mm		
	550≤*DN*≤750:不小于0.8mm		
	800≤*DN*≤1200:不小于1.0mm		
环氧树脂	*DN*≤65:不小于0.3mm		
	80≤*DN*≤500:不小于0.35mm		
	550≤*DN*≤750:不小于0.4mm		
	800≤*DN*≤1200:不小于0.45mm		
溶剂型环氧钛白漆（无毒型）	环氧铁红底漆1遍,≥40μm		
	溶剂型环氧钛白漆4遍,≥80μm/遍		
环氧陶瓷涂料（白色、无毒型）	1遍,≥400μm		
聚氨酯	不小于0.5mm		
水泥砂浆内衬	管径	机械喷涂	手工喷涂
	500≤*DN*≤700	8	—
	800≤*DN*≤1000	10	—
	1100≤*DN*≤1500	12	14
	1600≤*DN*≤1800	14	16

表4　焊接钢管接口内防腐做法选用表

涂层结构	涂层厚度
聚乙烯	*DN*≤65:不小于0.4mm
	80≤*DN*≤150:不小于0.5mm
	200≤*DN*≤500:不小于0.6mm
	550≤*DN*≤750:不小于0.8mm
	800≤*DN*≤1200:不小于1.0mm

续表 4

<table>
<tr><th colspan="2">涂层结构</th><th>涂层厚度</th></tr>
<tr><td colspan="2" rowspan="4">环氧树脂</td><td>$DN \leqslant 65$：不小于 0.3mm</td></tr>
<tr><td>$80 \leqslant DN \leqslant 500$：不小于 0.35mm</td></tr>
<tr><td>$550 \leqslant DN \leqslant 750$：不小于 0.4mm</td></tr>
<tr><td>$800 \leqslant DN \leqslant 1200$：不小于 0.45mm</td></tr>
<tr><td rowspan="2">溶剂型环氧钛白漆（无毒型）</td><td>(1)环氧铁红底漆</td><td>1 遍，≥40μm</td></tr>
<tr><td>(2)溶剂型环氧钛白漆</td><td>4 遍，≥80μm/遍</td></tr>
<tr><td>环氧陶瓷涂料（白色、无毒型）</td><td>环氧陶瓷涂料（白）</td><td>1 遍，≥400μm</td></tr>
<tr><td colspan="2">聚氨酯</td><td>不小于 0.5mm</td></tr>
</table>

表 5　焊接钢管接口外防腐做法选用表

<table>
<tr><th colspan="2">涂层结构</th><th colspan="3">涂层厚度</th></tr>
<tr><td colspan="2">热烤缠带</td><td colspan="3">不小于 1.3mm</td></tr>
<tr><td colspan="2" rowspan="3">环氧底漆/辐射交联聚乙烯热收缩带（套）</td><td>环氧底漆</td><td>湿膜厚度不小于 120μm</td><td></td></tr>
<tr><td rowspan="2">热收缩带（套）</td><td>≤400</td><td>基材≥1.2mm
胶层≥1.0mm</td></tr>
<tr><td>>400</td><td>基材≥1.5mm
胶层≥1.0mm</td></tr>
<tr><td rowspan="3">环氧煤沥青冷缠带</td><td>普通级：定型胶-常规型基带-定型胶-RPC 基带</td><td colspan="3">≥0.4mm</td></tr>
<tr><td>加强级：定型胶-常规型基带（厚）-RPC 基带（厚）</td><td colspan="3">≥0.6mm</td></tr>
<tr><td>特加强级：定型胶-常规型基带（厚）-定型胶-RPC 基带（厚）</td><td colspan="3">≥0.8mm</td></tr>
</table>

表 6　球墨铸铁管外防腐做法选用表

<table>
<tr><th colspan="2">普通级</th><th colspan="2">加强级</th><th colspan="3">特加强级</th></tr>
<tr><th>涂层结构</th><th>涂层厚度</th><th>涂层结构</th><th>涂层厚度</th><th rowspan="3">方法一</th><th>涂层结构</th><th>涂层厚度</th></tr>
<tr><td>锌</td><td>C 级管 200g/m^2，K 级管 130g/m^2</td><td>锌铝合金或锌铝稀土合金（管道）</td><td>单位面积涂层质量 400g/m^2</td><td>管身：双组分、无溶剂、100%固含量的聚氨酯材料</td><td>平均厚度 900μm，最小厚度 700μm</td></tr>
<tr><td>高氯化聚乙烯终饰层</td><td>平均厚度至少为 70μm</td><td>环氧树脂涂层（管件）</td><td>最小厚度不小于 150μm</td><td>承插口端：环氧涂料</td><td>平均厚度 250μm，最小厚度 200μm</td></tr>
<tr><td colspan="4" rowspan="3"></td><td rowspan="3">方法二</td><td>涂层结构</td><td>涂层厚度</td></tr>
<tr><td>管身 400g/m^2 锌铝合金或锌铝稀土合金 + 高密度聚乙烯缠绕涂层</td><td>单位面积涂层质量 400g/m^2 高密度聚乙烯缠绕涂层厚度不低于 2.2mm</td></tr>
<tr><td>承插口端：环氧涂料</td><td>平均厚度 250μm，最小厚度 200μm</td></tr>
</table>

表 7　球墨铸铁管内防腐做法选用表

<table>
<tr><th colspan="2">普通级</th><th colspan="2">加强级</th></tr>
<tr><th>涂层结构</th><th>涂层厚度</th><th>涂层结构</th><th>涂层厚度</th></tr>
<tr><td rowspan="4">普通硅酸盐水泥砂浆内衬或抗硫酸盐水泥砂浆内衬</td><td>DN≤300：公称厚度 3mm（某一点最小厚度 2.5mm）</td><td rowspan="4">水泥砂浆内衬密封涂层</td><td>DN≤300：公称厚度 3mm（某一点最小厚度 2.5mm）+70μm 密封涂料</td></tr>
<tr><td>350≤DN≤600：公称厚度 5mm（某一点最小厚度 3mm）</td><td>350≤DN≤600：公称厚度 5mm（某一点最小厚度 3mm）+70μm 密封涂料</td></tr>
<tr><td>700≤DN≤1200：公称厚度 6mm（某一点最小厚度 3.5mm）</td><td>700≤DN≤1200：公称厚度 6mm（某一点最小厚度 3.5mm）+70μm 密封涂料</td></tr>
<tr><td>1400≤DN≤1600：公称厚度 9mm（某一点最小厚度 6mm）</td><td>1400≤DN≤1600：公称厚度 9mm（某一点最小厚度 6mm）+70μm 密封涂料</td></tr>
</table>

5.2.6 管廊内整体连接的钢管，当直线管段长度适当时，可采用在直线管段中间设置固定支墩的方案，直线管段上的其他支墩采用滑动支墩，在垂直折线段上设置两个角向变形补偿器，则直线管段的温度变形可以得到释放，角向补偿器和导向支座需配合使用，以保障管线既可以产生转动变形又避免平面外失稳；当管廊主体结构允许时，也可采用在直线管段中间设置轴向伸缩型补偿器，在直线段两端转角处设置固定支墩的方案，直线管段上的其他支墩采用滑动支墩，则直线管段的温度变形可以得到释放；当直线管段较长时，上述两个方案均可在直线段上分段设置轴向伸缩型补偿器，在由补偿器分隔的每段的中间设置固定支墩，其他支墩采用滑动支墩；当直线段的管道长度较小或者有其他需要时，也可在直线段的一端弯折处设置固定支墩，其余部位设置滑动支墩，而在另一端竖向弯折管段上设置两个角向型补偿器，从而使得管道的温度变形向一端释放，角向型补偿器可以在垂直管段或倾斜管段上设置，一般应成组布置以便于释放变形，同时角向型补偿器应具有在轴向与管道等强度传递轴向力的能力。

5.2.7 滑动支墩通常有两种型式，当采用滑动导向支墩（即上部为钢结构滑动导向支座，下部为混凝土支墩）时，在钢支座底部平板与预埋在混凝土支墩顶部钢板之间设置聚四氟乙烯滑动摩擦副，在钢支座与管道之间设置橡胶垫板；当采用钢筋混凝土弧形支墩时，在管道与弧形支墩之间设置聚四氟乙烯垫板或橡胶垫板，以利于管道与支座之间产生滑动，并保护管道外防腐层。侧向限位措施是为了防止地震时管道侧向位移过大，如采取抱箍、限位型钢等措施。

5.2.8 给水、再生水压力管道由于急速的开泵、停泵、开阀、关阀和流量调节等，会造成管内水流速度的急剧变化，从而产生水锤，危及管道安全，因此给水、再生水压力管道应进行水锤分析计算，采取措施消减水锤，使在残余水锤作用下的管道设计压力小于管道试验压力，以保证输水安全。消减水锤措施包括：空气室、气囊式水锤消除器、调压室、二阶段关闭阀门、水锤消除器、爆破膜片、空气阀等，具体采取何种措施应结合工程实际情况及水锤分析计算结果综合确定。

5.2.9 管廊内给水干管的检修阀应根据输配水管网分段、分区检修的需要设置，尽量保证阀门关闭时，减少对支管的供水影响。给水、再生水干管上检修阀间距不宜大于600m，同时，为保证支管检修时不影响管廊内给水干管的供水，管廊内给水干管与支管连接时，宜至少在支管上设置一个检修阀。检修阀一般采取闸阀和蝶阀。闸阀外形尺寸大，启闭较费力，不适用于大管径管道。考虑到综合管廊内空间有限，建议管径大于或等于 *DN*300 时采用蝶阀。阀门电动执行机构宜采用一体化电动执行机构。

5.2.10 给水、再生水管道泄压泄水设施设置与室外给水管道设计相同，其泄水能力应结合允许停水时间综合确定，管道泄水可利用管廊的排水沟、集水坑等设施。集水坑及排水泵排水能力，需结合各地主管部门对停水抢修时间的要求综合确定。

5.2.11 严寒地区综合管廊通风口处廊内温度较低，给水、再生水管道应进行保温设计，以确定该处局部管道是否需要采取保温措施。

5.3 排水管道（渠）

5.3.1 参照国家标准《城市综合管廊工程技术规范》GB 50838—2015 第 6.3.1 条。现行国家标准《室外排水设计标准》GB 50014 是室外排水的基础设计标准，必须遵照执行。

5.3.2 为保证综合管廊的运行安全，应适当提高进入综合管廊的雨水、污水管道管材选用标准，防止意外情况发生损坏雨水、污水管道。同时所选择的管材需满足管道安装、运行和维修的要求。

3 化学材料具有内壁光滑，水头损失小、耐腐蚀、耐冲击强度高、管道质轻，施工方便等特点。进入综合管廊的聚乙烯管（PE）的质量应符合现行国家标准《给水用聚乙烯（PE）管道 第 1 部分：总则》GB/T 13663.1 和《给水用聚乙烯（PE）管道

系统 第2部分：管材》GB/T 13663.2的有关规定。玻璃钢管管材应符合现行国家标准《玻璃纤维增强塑料夹砂管》GB/T 21238等相关标准规定。复合材料管可采用钢骨架聚乙烯塑料复合管，除具有聚乙烯管（PE）的特点外，其强度、刚性和抗冲击性等均超过纯塑料管。进入综合管廊的钢骨架聚乙烯塑料复合管的质量应符合现行行业标准《给水用钢骨架聚乙烯塑料复合管》CJ/T 123和《给水用钢骨架聚乙烯塑料复合管件》CJ/T 124的有关规定。

5.3.3 参照国家标准《城市综合管廊工程技术规范》GB 50838—2015第6.3.9条。在雨污分流不彻底或空气污染较重的地区，雨水在长期的运行过程中会存在底泥的淤积，从而产生有毒有害气体，如泄漏至其他舱室会存在安全隐患。此外雨水倒灌或泄漏至其他舱室也会对其他入廊管道、线缆及廊体自身设备的安全、维护带来不利影响。故当利用综合管廊结构本体排除雨水时，其功能性节点应与其他舱室分开设置，与相邻舱室之间不应预留任何孔洞，以保证雨水舱空间的独立和严密。此外雨水舱应参照现行国家标准《给水排水管道施工及验收规范》GB 50268中无压管道的有关规定进行严密性试验。

5.3.4 参照国家标准《城市综合管廊工程技术规范》GB 50838—2015第6.3.6条。由于雨水、污水管道在运行过程中不可避免地会产生H_2S、沼气等有毒有害及可燃气体，如果这些气体泄漏至管廊舱室内，存在安全隐患；同时雨水、污水泄漏也会对管廊的安全运营和维护产生不利影响，因此要求进入综合管廊的雨水、污水管道必须保证其系统的严密性。管道、附件及内置检查井、检查口或直通外部的检查井等应采用严密性可靠的材料，其连接处密封做法应可靠。压力排水管检查口的具体做法可参考现行国家标准《建筑给水排水设计标准》GB 50015的有关规定。雨水、污水管道的严密性试验应符合现行国家标准《给水排水管道施工及验收规范》GB 50268的有关规定，压力排水管道参照给水管道部分，雨水管道参照污水管道部分。

5.3.5 参照国家标准《城市综合管廊工程技术规范》GB 50838—2015 第 6.3.3 条。排水管渠进出综合管廊设置检修闸门或闸槽设施，有利于排水管渠事故的处理、维修，同时在下游顶托、倒灌时可以减少对管廊内排水管渠的冲击。有条件时，雨水管渠进入综合管廊前宜截流初期雨水。

5.3.6 为提高进入综合管廊的雨水、污水管道的使用寿命，采用钢管时内防腐宜采用铝酸盐水泥内衬、环氧涂料或塑料内衬等，外防腐宜采用环氧粉末涂层及涂装防锈漆等。采用球墨铸铁管时内防腐宜采用铝酸盐水泥内衬、聚氨酯涂层，外防腐宜采用喷锌涂层、环氧树脂涂层等。含雨水渠道的综合管廊雨水舱室、相邻舱室及附属构筑物应采取相应的防腐措施。

5.3.7 为保证管道运行安全，减少支墩所占空间，规定接口一般采用整体连接。当管道接口为柔性连接时，应使管道具有抗振动、抗收缩和膨胀的能力，便于安装拆卸。

5.3.8 管道结构设计一般包括管道材质、管件、接口、管道支撑、固定方式等设计，其设计应符合现行国家标准《给水排水工程管道结构设计规范》GB 50332 的有关规定。其中管道的支墩间距可参考本标准第 5.2.4 条入廊给水管道设计。

5.3.9 管廊内重力流排水管的运行有可能受到管廊外上、下游排水系统水位波动变化、突发冲击负荷等情况的影响，因此应适当提高进入综合管廊雨水、污水管道强度标准，保证管道运行安全。条件许可时，可考虑在管廊上、下游雨水系统设置溢流或调蓄设施以避免对管廊的运行造成危害。

5.3.10 进入综合管廊的排水管渠，其每个检查井接口处或检查口均存在泄漏风险，故检查井或检查口在结合当地排水管道管理部门检修、疏通设施及管理水平的基础上应尽量减少设置数量。检查井的最大间距应根据当地排水管道养护机械的要求确定，如大于现行国家标准《室外排水设计标准》GB 50014 所规定数据的管段应设置冲洗设施。

5.3.11 参照国家标准《城市综合管廊工程技术规范》GB

50838—2015 第 6.3.7 条。进入综合管廊的重力流排水管道在倒虹管、长距离直线输送后变化段设置的排气井及压力流排水管道高点及每隔一段距离处设置的排气阀等通气装置排出的气体，应直接排至综合管廊以外的大气中，其引出位置应考虑周边环境，避开人流密集或可能对环境造成影响的区域。

5.4 天然气管道

5.4.1 对可入廊管道的输送介质提出了具体要求。目前，常用的城镇燃气包括人工煤气 液化石油气和天然气。除天然气外，人工煤气含有 CO、水、其他烃类以及杂质。气态的液化石油气、液化石油气混空气等重度大于空气，泄漏后容易集聚在管廊内底部，不易排出，带来诸多不便和安全隐患。天然气比空气轻，泄漏后漂浮在管廊内的上部空间，可通过管廊设置的排风系统抽排放，故提出此条要求。

5.4.2 外部荷载包括管廊变形缝处不均匀沉降的二次应力，共舱舱室水管爆管、洪涝水进入天然气舱等的水浮力，管架管箍安装偏差的组装力，方形补偿器的冷紧力等。管道和管道附件尚应满足预期的外部荷载作用效应要求。

5.4.3 为提高廊内天然气管道系统的安全性，要求压力不大于 1.6MPa 的天然气管道最小壁厚不小于现行国家标准《城镇燃气设计规范》GB 50028 中次高压天然气管道的最小公称壁厚，压力大于 1.6MPa 的天然气管道壁厚按国家标准《城镇燃气设计规范》GB 50028—2006（2020 版）中的公式 6.4.6 进行计算确定。

5.4.4 现行国家标准《钢制对焊管件 类型与参数》GB/T 12459 满足现阶段管廊天然气管道敷设要求。当管廊内敷设的天然气管道具有通球清管和智能检测功能要求时，热煨弯管应满足《油气输送用钢制感应加热弯管》SY/T 5257—2012 中 B 级的规定。

5.4.5 依据《城市综合管廊工程技术规范》GB 50838—2015 中第 6.4.5 条。对于管道系统中的阀门、标准管件、设备、法兰等管道附件的设计压力应大于或等于管道设计压力。甚至管道系统中的阀门和管道附件的压力级制应高于管道设计压力一级。

5.4.6 根据现行国家标准《城镇燃气设计规范》GB 50028和《城市综合管廊工程技术规范》GB 50838—2015第6.4.6条，为强制性条文，略有修改后制定本条款。城市综合管廊中的天然气管道系统设计应是本质安全性。现阶段我国燃气调压装置通常采用2+0或2+1结构形式，阀门和设备以及检修、安全放散接口较多，就地和远传检测信号接口多，即泄漏点多，安全隐患多，与本质安全设计理念相违背。

5.4.7 为提高廊内天然气管道系统的安全性提出要求，焊接连接相对于法兰连接和螺纹连接更安全可靠，天然气泄漏的可能性较小。

5.4.8 城市综合管廊内可能较为潮湿，管道外壁会出现结露的现象，南方地区或者当天然气管道与供水、再生水管道共舱敷设时尤为严重，因此，要求防腐的性能应满足管廊环境的要求。防潮性能较好的外防腐层结构常见为底漆+挤塑聚乙烯防护层。

5.4.9 管廊内的天然气管道应根据荷载、内压以及环境温度变化等因素进行应力分析，以保证管道承受的应力小于管材本身的许用应力。宜利用天然气管道随着管廊平面走向和敷设高度变化形成的自然弯曲所具有的弹性来解决管道应力集中问题；当自然补偿不能满足要求时，宜选用方形补偿器，保证管道的安全性。

5.4.10 参照国家标准《城市综合管廊工程技术规范》GB 50838—2015第7.1.6条，天然气管道舱每隔200m设置防火隔墙进行防火分隔，则天然气管道需采用套管穿过防火隔墙。依据现行国家标准《城镇燃气设计规范》GB 50028、《钢铁冶金企业设计防火标准》GB 50414和《钢铁企业煤气储存和输配系统设计规范》GB 51128，制定套管伸出管廊舱墙体面长度不小于100mm。依据现行国家标准《城镇燃气设计规范》GB 50028，套管内径应大于天然气管道外径100mm。

5.4.11 参照国家标准《城市综合管廊工程技术规范》GB 50838—2015第6.4.8条，切断阀门带手动开闭机构。

5.4.12 参照国家标准《城市综合管廊工程技术规范》GB 50838—2015 第 6.4.7 条。综合管廊天然气管道分段阀应根据工程实际情况统筹考虑设置，切断阀门带手动开闭机构。

5.4.13 参照国家标准《城市综合管廊工程技术规范》GB 50838—2015 第 6.4.9 条。对放散管道的设置提出要求。参照现行国家标准《输气管道工程设计规范》GB 50251 的规定。目的是快速完成系统降压、置换、维修、恢复正常运行，尽可能减少停止供气时间。

1）安全要求，需要严格执行；

2）管道不应缩径是为了保证放散时的通畅性；

3）对放散管径的要求是为了在发生天然气泄漏关闭进出廊管道阀门和分段阀门的情况下，能够尽快排出管道内的气体。

5.5 热力管道

5.5.1 参照国家标准《城市综合管廊工程技术规范》GB 50838—2015 第 6.5.6 条。现行行业标准《城镇供热管网设计标准》CJJ/T 34 和《城镇供热管网结构设计规范》CJJ 105 是热力行业关于热力专业和结构专业的基础标准，必须遵照执行。

现行行业标准《城镇供热管网设计标准》CJJ/T 34 中已经明确给出管道许用应力取值、管壁厚度计算、热伸长量计算、补偿值计算、应力验算和固定点作用力计算等的计算方法。现行行业标准《城镇供热管网结构设计规范》CJJ 105 中已经明确给出了管道支架和支撑结构的受力计算方法。

5.5.2 现行行业标准《城镇供热管网设计标准》CJJ/T 34 中已经规定了不同温度和压力下材料的选择种类和壁厚限制要求，本条只是明确了管道选用的产品标准。

5.5.3 参照国家标准《城市综合管廊工程技术规范》GB 50838—2015 第 6.5.2 条、第 6.5.3 条。首先明确管道和管件保温主要是降低散热损失，控制舱室内的环境温度，同时便于日常维护管理，现行国家标准《工业设备及管道绝热工程设计规范》GB 50264对热力管道的保温计算、保温结构等都有明确的要求和规定。

5.5.4 参照国家标准《城市综合管廊工程技术规范》GB 50838—2015第6.5.4条。主要是考虑确保同舱室其他管线的安全可靠运行。

5.5.5 参考国家标准《城市综合管廊工程技术规范》GB 50838—2015第6.5.7条，略有修改。本标准不仅限于保温材料，将范围扩大到管道和管路附件的保温材料。无机保温材料基本均能满足上述要求，但有机保温材料，主要指热力管道使用的硬质聚氨酯泡沫塑料目前也能做到《建筑材料及制品燃烧性能分级》GB 8624—2012规定的难燃材料B2级，国家标准《城市综合管廊工程技术规范》GB 50838—2015中第6.5.1条也是推荐使用此保温材料。

采用在工厂加工的预制保温管及预制保温管件能保证工程质量。首先是管件的焊缝可以得到有效的控制和检验，另外就是保温结构的质量可以得到保证，最终涉及保温效果和控制舱室内的环境温度控制。现行团体标准《架空和综合管廊预制热水保温管及管件》T/CDHA 1和《架空和综合管廊预制蒸汽保温管及管件》T/CDHA 2专门针对架空和综合管廊中使用的预制热力管道及管件产品做出了明确的规定。

5.5.6 按照现行行业标准《城镇供热管网设计标准》CJJ/T 34中的要求，热力管道工作时管道热胀冷缩变形及受力较大，采用焊接连接是经济、可靠的连接方法，补偿器和阀门等都可以采用焊接连接。对于口径不大于25mm的放气阀门，考虑阀门产品的实际情况，一般为螺纹接头，故小口径管道允许采用螺纹连接。

5.5.7 参照国家标准《城市综合管廊工程技术规范》GB 50838—2015第5.3.2条。主要针对热力管道的特点提出的要求，要引起重视。尤其是综合管廊的断面、节点、安装口等需要考虑的事项，及时对综合管廊的总体设计人员提出要求。按照现行行业标准《城镇供热管网设计标准》CJJ/T 34的要求，为了便于检修和操作，管道保温结构下表面距综合管廊地面的距离略有增加。

5.5.8 参照国家标准《城市综合管廊工程技术规范》GB 50838—2015第6.5.5条，为强制性条文，略有修改。蒸汽管道上为了安全需要设置启动疏水装置和经常疏水装置，其疏水排除的蒸汽和热水温度较高，并具有连续性，对管廊内的环境温度影响很大。为了控制舱室内的环境温度及确保管廊运行安全，要求疏水装置排放管应引至综合管廊外部安全空间。

5.5.9 放气装置除排放热水管道中空气外，也是保证管道充水、放水的必要装置。只有放气点的数量和管径足够时，才能保证充水、放水在规定的时间内完成。

考虑管道建设及运行过程中，施工时的铁锈、泥土、焊渣等杂物不可避免地会部分残留于管道中，需要设置必要的泄水装置。泄水装置的放水时间主要考虑冬季事故状态下能迅速泄水，缩短抢修时间，以免供暖系统发生冻害，应遵照现行行业标准《城镇供热管网设计标准》CJJ/T 34中的要求设置泄水管径。泄水温度较高时会对管廊内的环境温度影响较大。为了控制舱室内的环境温度及确保管廊运行安全，要求泄水装置的泄水管应引至综合管廊外部安全空间。

5.5.10 参照现行行业标准《城镇供热管网设计标准》CJJ/T 34及实际经验规定本条款。对于蒸汽管道疏水装置的设置是否合理直接影响管道的安全使用，管道中的凝结水如不能及时排出，将对蒸汽管道产生危险的汽水冲击现象，必须引起重视。

5.5.11 阀门的选择和设置：

1 按照现行行业标准《城镇供热管网设计标准》CJJ/T 34的要求，首先要明确廊内热水管道为输送干线或输配干线，再确定分段阀门的间距。热水管道分段阀门的作用是：

1）减少检修时的放水量（软化、除氧水），降低运行成本；

2）事故状态时缩短放水、充水时间，加快抢修进度；

3）事故时切断故障段，保证尽可能多的用户正常运行，即增加供热的可靠性。

2　国家标准《压力管道规范 公用管道》GB/T 38942—2020中第4.4.3.1条。热力管道属于高温、高压管道，阀门要承受热应力，不允许使用铸铁材料，只有使用钢制阀门才能保证管道的安全运行。

3　热水管道上的关断阀和分段阀在管网检修关断时，压力方向与正常运行时的水流方向可能不同，因此应采用双向密封阀门。

4　采用球阀对于放气和泄水更方便和快捷。

5.5.12　补偿器选择和设置

1　为了保证系统的安全，根据工程的重要性，补偿器的设计压力可以高于管道的设计压力。

2　为了降低管道初次启动运行时固定支座的推力和避免轴向波纹管补偿器波纹失稳，应在安装时对补偿器进行冷紧。

3　套筒补偿器是供热管网常用的补偿器。它的优点是具有使用寿命长、对介质和环境中氯离子含量不敏感、价格较低等优点，但工作压力高时这种补偿器易泄漏，维修工作量较大。套筒补偿器安装时应随管道温度的变化，调整套筒补偿器的安装长度，以保证在热状态和冷状态下补偿器安全工作，设计时宜以5℃的间隔给出不同温度下的安装长度。

4　采用轴向补偿器对热力管道进行补偿时，管道会产生一定的盲板力，需要用固定支架进行约束管道，表8给出了一根管道在1.6MPa时的盲板力计算值，可以看出当管道公称直径为*DN*700时，未考虑波纹管补偿器的有效增大面积，其一根管道的盲板力已经达到619kN，如此巨大的推力最终将会传递到综合管廊主体结构上，此时可以采用压力平衡式补偿器消除盲板力，降低管道轴向推力。

表8　管道盲板力计算表

公称直径 *DN*（mm）	管道内径 *D*（mm）	管道断面积（mm）	管道压力（MPa）	管道盲板力（kN）	推荐选择型式
*DN*1400	1392	1521066	1.6	2434	压力平衡式补偿器
*DN*1200	1196	1122877	1.6	1797	

续表 8

公称直径 *DN*（mm）	管道内径 *D*（mm）	管道断面积（mm）	管道压力（MPa）	管道盲板力（kN）	推荐选择型式
*DN*1000	996	778733	1.6	1246	压力平衡式补偿器
*DN*900	900	635850	1.6	1017	
*DN*800	800	502400	1.6	804	
*DN*700	702	386851	1.6	619	
*DN*600	614	295942	1.6	474	普通轴向补偿器
*DN*500	515	208202	1.6	333	
*DN*450	432	146500	1.6	234	
*DN*400	412	133249	1.6	213	
*DN*350	363	103439	1.6	166	
*DN*300	313	76906	1.6	123	
*DN*250	261	53475	1.6	86	
*DN*200	207	33636	1.6	54	

5.5.13 仅对采用聚氨酯保温材料时支座的型式选择做出规定

1、2 使用在预制架空保温管上采用管夹式支座时，其支架间距还应考虑保温材料的抗压强度。当管道支架不破坏管道的保温结构层，直接支撑在管道保温外侧时，则支架间距除了要满足管道强度条件、刚度条件外，还需要满足保温材料的强度条件，保证聚氨酯保温层不被破坏。

以国内广泛使用的硬质聚氨酯保温材料为例，计算热水管道支架最大允许间距。根据现行团体标准《架空和综合管廊预制热水保温管及管件》T/CDHA 1 和《架空和综合管廊预制蒸汽保温管及管件》T/CDHA 2 的有关规定，硬质聚氨酯泡沫塑料径向抗压强度不应小于 $[\sigma]=0.3\sim0.35$MPa。因此，在计算直接支撑在保温层外侧的支架间距时，以支架位置产生的压应力不超过 $[\sigma]=0.3$MPa 为极限。此时推荐支架型式为：

1）蒸汽管道中没有充水，相对热水管道重量较轻，原则上均可以使用外护管整体包裹的管夹式结构。

2）公称直径小于或等于 *DN*350 的架空热水保温管道，由于管道自身重量较轻，硬质聚氨酯的压应力不成为制约管道支架间距的主要条件。可以采用常规支托长度的管道支架直接安装在保温层上的形式。

3）公称直径为 *DN*400～*DN*800 的架空热水保温管道，由于管道自身重量较重，硬质聚氨酯的抗压强度成为制约管道支架间距的主要条件，由于受硬质聚氨酯抗压强度条件限制，管道支架间距小于钢材刚度、强度约束条件的管道支架间距；建议使用加长管托长度的管道支架。

4）公称直径大于或等于 *DN*900 的架空热水保温管道，为了达到较大的支架间距，必须大幅度加长管道支托，以增加支托面积，减小硬质聚氨酯的压应力。例如：*DN*1400 的管道，支托长度达到了 3m，显然不具有可行性。另一方面，如果维持常规管道支架的长度，则管道支架的间距会比钢材刚度、强度约束条件的管道支架间距缩短很多，造成投资增加和安装施工量的增加，不利于工程的实施，应该采用管道支架与工作钢管直接焊接接触的形式。见表 9 计算值。

3 采取隔热措施可以降低管道的热损失，并保证综合管廊的舱室温度。

表 9 热水管道支架间距比较表

公称直径 *DN*（mm）	管道外径 *D*（mm）	管道壁厚 δ（mm）	最大间距（m）		热水管道推荐管托型式
			《压力管道规范 公用管道》GB/T 38942	硬质聚氨酯保温层强度条件	
*DN*1400	1420	20.0	30.34	12.36	与工作钢管直接焊接
*DN*1200	1220	14.0	25.38	11.29	
*DN*1000	1020	12.0	22.87	11.99	
*DN*900	920	12.0	22.20	11.94	

续表 9

公称直径 DN (mm)	管道外径 D (mm)	管道壁厚 δ (mm)	最大间距(m)		热水管道推荐管托型式
			《压力管道规范 公用管道》GB/T 38942	硬质聚氨酯保温层强度条件	
DN800	820	10.0	19.93	12.14	加长管托长度的管夹
DN700	720	9.0	18.35	11.72	
DN600	630	8.0	16.82	12.35	
DN500	529	8.0	15.57	12.31	
DN450	478	7.0	14.24	12.11	
DN400	426	7.0	13.67	12.40	
DN350	377	7.0	12.90	13.08	常规支托长度的管夹
DN300	325	7.0	12.01	12.23	
DN250	273	6.0	10.68	13.61	
DN200	219	6.0	9.27	15.28	

5.5.14 对热力管道支架的规定

1、2 管道支架的推力计算涉及管道的安全和综合管廊的运行安全，现行行业标准《城镇供热管网设计标准》CJJ/T 34 有明确的规定

3 为安全考虑，相邻支架失效后，其荷载会相应地增大。

4 为了减小支架推力和支架安全提出的技术措施。滚动支座或减摩材料的滑动支座可大大减少支架的受力及结构尺寸。摩擦系数来源于现行国家标准《压力管道规范 公用管道》GB/T 38942 中的数据。

5 轴向型补偿器需设置导向支座，是按补偿器标准的要求而规定，导向支架主要是保证管道同心度，防止补偿器工作时受扭而发生破坏。

为了保证直线导向支座的有效性，一般使波纹管补偿器一端靠近一个固定支座，另一端由直线导向支座约束。这种布置方式既可以使位移得到正确导向，又可以使波纹管补偿器的两端得到

适当的支撑。第一个导向支座与波纹管补偿器端部的间距应不超过4倍的管道外径，第一导向支座与第二导向支座之间的间距应不超过14倍管道外径。其余相邻两导向支座之间的最大间距按《金属波纹管膨胀节通用技术条件》GB/T 12777—2019附录E中公式（E.1）计算确定。

5.6 垃圾气力输送管道

5.6.1 生活垃圾易腐烂、散发臭味，湿垃圾还伴有渗沥液产生，垃圾气力输送系统检修口运行一段时间后，可能出现垫片老化，密闭不严的情况，采用正压系统，易使臭气、渗沥液泄漏，污染综合管廊仓。

垃圾气力输送管道系统设计压力应根据输送垃圾特性通过计算确定。计算中应考虑时收集站点与最远投放设施的距离、管道系统的风压损耗、高峰期系统需处理的垃圾量、收集站点内各有关设备的风压损耗等因素。建议垃圾收集站点至垃圾投放设施最远距离不宜超过2.0km。

《工业金属管道设计规范》GB 50316—2000（2008版）第3.1.2.3条、第11.5.4条、第11.5.6条，真空管道应按接受外压设计，无安全控制装置时，设计压力应取0.1MPa。真空管道可按承受内压0.2MPa进行试压，真空管道在压力试验合格后，进行24h真空度试验，增压率不大于5%。根据国内外相关经验，检修口及阀门连接处垫片密闭性达不到《工业金属管道设计规范》GB 50316—2000（2008版）压力试验和真空度试验要求，不适合执行该规范相关要求。国内外较大规模城市生活垃圾输送项目，一般设计压力为-40kPa，按承受内压60kPa进行压力试验。

5.6.2 垃圾气力输送管道壁厚应根据输送垃圾特性进行计算确定，根据国内外目前已运行项目经验值，考虑到管道运行时的摩擦影响，垃圾气力输送管道壁厚不宜小于8mm。

5.6.3 焊接连接更能保证管道的严密性。为了减少物料在管道内的摩擦的影响，提高输送效率。不同壁厚管道之间的连接处，以及管道与阀门的连接处，接口应保持光滑、无凹凸不平的现象，避免挂料。

5.6.4 垃圾气力输送管道变坡点及与管件连接处易发生垃圾堵塞，若纵坡坡度过大，变坡点磨损较大，且易发生堵塞，影响系统运行。条款定义垃圾运行方向为顺方向，垃圾运行反方向为逆方向。大弯曲半径的管道便于垃圾气力输送，降低管道堵塞的事故发生。增加弯头或弯管的壁厚是考虑到此处受垃圾摩擦的影响最大，保证管道的安全。为保证管道有焊接、支架安装的施工空间，管道外壁与管廊内壁净空不宜小于300mm。

5.6.5 为方便管道系统疏通维护，应在相应位置设置检修口，垃圾运行方向为下游方向。

5.6.6 分段阀可将系统分割成相对独立若干子系统，系统中某个区域子系统发生故障时，可关闭该子系统分段阀进行检修，并不影响其他子系统的正常运行。目前国内常用的投放口有效储存容积约为0.2m^3，按照生活垃圾容重0.4t/m^3计算，某子系统内投放口数量超过30个时应设置分段阀。分段阀工作时阀体向外扩展，尺寸要大于安装时尺寸，安装分段阀位置处管仓设计要充分考虑安装、运行及检修空间。

5.6.7 城市综合管廊内可能较为潮湿，管道外壁会出现结露的现象，南方地区尤为严重，因此，要求防腐的性能应满足管廊环境的要求。防潮性能较好的外防腐层结构常见为底漆+挤塑聚乙烯防护层，检修口面板常采用热浸镀锌防腐。

5.7 电力电缆

5.7.1 电力电缆的选型

1 依据《电力工程电缆设计标准》GB 50217—2018第3.1.1条和3.1.2条，当采用耐火电缆时应选用铜导体，其余条件下可选用铜导体、铝或铝合金导体。同时参考“国家电网有限公司《国家电网有限公司关于印发十八项电网重大反事故措施（修订版）的通知》国家电网设备【2018】979 号文件”第 13.2.1.3 条规定，110（66）kV 及以上电压等级电缆在隧道内应选用阻燃电缆。鉴于综合管廊和电力隧道、耐火电缆和阻燃电缆的相似性制定本条款。对于铝合金电缆，《电力工程电缆设计标准》GB 50217—2018 第 3.1.2 条规定，电压等级 1kV 以上的电缆不宜选用铝合金导体。《电缆的导体》GB/T 3956—2008 第 5.1.1 条中同时给出了对铜、铝和铝合金导体的要求但并无电压等级限制。近些年来，铝合金导体制造工艺不断改进，已在 35kV 及以下电压等级电缆中逐步应用取得了较好效果，故可考虑在 35kV 及以下电压等级电缆中使用。

3 依据《电力工程电缆设计标准》GB 50217—2018 第 3.3.2 条和 3.3.7 条，同时考虑综合管廊为密闭空间，如选用自容式充油电缆一旦发生火灾将可能引起事故范围扩大，综合以上因素制定本条款。

4 依据《电力工程电缆设计标准》GB 50217—2018 第 3.5.3 条和 3.5.4 条。通过因地制宜灵活选择电缆芯数，可优化支架层间距离节约城市地下空间资源，降低工程投资。

5 目前，关于电力电缆燃烧性能要求执行的标准并不统一。部分规范要求按照《电缆及光缆燃烧性能分级》GB 31247—2014 中的 A 级（不燃电缆）或 B1 级（阻燃 1 级）执行。根据国家电网有限公司《国家电网有限公司关于印发十八项电网重大反事故措施（修订版）的通知》国家电网设备【2018】979 号文件第 13.2.1.3 条和内蒙古电力（集团）有限责任公司《十八项电网重大反事故措施》Q/ND 10702—2019（以下简称 977 号文件）第 16.2.1.3 条以及部分规范要求按照《阻燃和耐火电线电缆或光缆通则》GB/T 19666—2019 中的 ZC 级（阻燃 C 类）执行。

经了解，国家电网有限公司在物资采购平台中明确按照现行国家标准《阻燃和耐火电线电缆或光缆通则》GB/T 19666 进行阻燃电缆采购，且电力部门普遍认可将 ZC 级电缆作为电缆防火的一项要求。按照现行国家标准《阻燃和耐火电线电缆或光缆通则》GB/T 19666 执行更具有可操作性，因此本条款参考“979号文件”第13.2.1.3条和内蒙古电力（集团）有限责任公司《十八项电网重大反事故措施》Q/ND 10702—2019 第16.2.1.3条的要求做出规定。

5.7.2 电力电缆接头

1 电缆接头是整条电缆线路的薄弱点，受现场地形条件、接头制作环境等多种因素影响，接头爆炸事故时有发生，据统计占到电缆事故中的70%左右。对于110（66）kV及以上电压等级电缆，常采用模塑式和预制式两种形式。与模塑式接头相比，预制式接头制作安装时间更短，运行可靠性更高，适合在综合管廊密闭空间内使用；故《城市地下综合管廊管线工程技术规程》T/CECS 532—2018 第8.2.8条规定，管廊内高压电缆接头宜选用预制式接头。同时，预制式接头又分为整体预制式和组合预制式，推荐采用整体预制式。依据《电力工程电缆设计标准》GB 50217—2018 第4.1.6条，在不允许有火种的场所，电缆接头不得采用热缩型。据此制定本条款。

2 依据《电力工程电缆设计标准》GB 50217—2018 第5.6.7条，高落差地段的电缆隧道中，通道不宜呈阶梯状，且纵向坡度不宜大于15°，电缆接头不宜设置在倾斜位置上。鉴于综合管廊在穿越道路、其他廊外管线时会采用具有一定纵向坡度的设计形式与上述条款相似，据此制定本条款。

3 考虑电缆接头附件可靠运行对电力电缆舱内其他电力电缆的意义，依据《电力工程电缆设计标准》GB 50217—2018 第4.1.3条、第4.1.7条和第4.1.9条，《城市地下综合管廊管线工程技术规程》T/CECS 532—2018 第8.2.7条制定本条款。

5.7.3 依据《电力工程电缆设计标准》GB 50217—2018 第4.1.11条和4.1.13条。正常感应电势应按《电力工程电缆设计标准》GB 50217—2018 附录F给出的方法计算。

5.7.4 电力电缆接地

1 依据《电力工程电缆设计标准》GB 50217—2018 第

4.1.16 条。当单芯电力电缆采用单点直接接地时，对于“水平排列”布置方式，可按“三七开”原则敷设回流线，对于“品字形”布置方式，回流线可敷设于任意两相当中并做换位，对于“等腰三角形”布置方式，回流线可敷设于任意一相旁并做换位。

2 对于连续交叉互联、分段交叉互联和改进型交叉互联方式，可分别见现行国家标准《电工术语 电缆》GB/T 2900.10 和《5kV~500kV 单芯电缆金属层接线标准》IEEE 575。经了解，实际工程中多采用分段交叉互联方式，也可选用连续交叉互联方式或改进型交叉互联方式。

5.7.5 依据《电力工程电缆设计标准》GB 50217—2018 第 4.1.11 条和 4.1.13 条、《交流金属氧化物避雷器选择和使用标准》GB/T 28547—2012 第 2.2.1.7.2 条。

5.7.6 依据《城市地下综合管廊管线工程技术规程》T/CECS 532—2018 第 8.4.2 条，强调了与电力电缆相关的金属设施（包括电缆自身和周边其他）进行接地处理的重要性。依据《电力电缆隧道设计规程》DL/T 5484—2013 第 12.2.7 条，高压电缆系统采用接地干线时应设置 50mm×5mm 的扁铜带。《城市综合管廊工程技术规范》GB 50838—2013 第 7.3.8 条和《城市电力电缆线路设计技术规定》DL/T 5221—2016 第 4.5.15 条均规定接地网采用扁钢且不小于 40mm×5mm。

经了解，全国有多条在运电缆隧道使用扁钢作为电力电缆系统的接地干线，至今运行良好。由于接地干线在综合管廊内敷设受环境腐蚀影响较小，可考虑采用扁钢作为接地干线。具体采用扁钢还是扁铜带，应在进行热稳定校验后按照全寿命周期理念综合比较计算后确定。

考虑电力电缆接地系统的重要性，参考《电力工程设计手册 电缆输电线路设计》对接地箱的机械强度、防水特性、泄放短路电流能力做出规定。

5.7.7 在电力电缆舱内任何敷设条件下，电力电缆弯曲半径不应小于《城市电力电缆线路设计技术规定》DL/T 5221—2016 第4.1.1条规定。

5.7.8 依据《电力工程电缆设计标准》GB 50217—2018 第6.1.2条，对跨距做出要求，避免电力电缆舱侧壁受力过大带来安全隐患。

5.7.9 对于电缆支架的材质，河北省、上海市、北京市、天津市等省、市均习惯采用金属材料，在我国南方一些省份复合材料支架也有较大规模的应用。无论采用何种材质，应选用质量满足相关要求的产品，确保电缆运行的可靠。

对于非磁性材料的界定，依据国内有关仿真计算结果，当单芯电力电缆载流量达到1500A、支架磁导率1000、电阻率2×10^{-7}($\Omega\cdot m$)、支架表面散热系数5.0W/m、环境温度30℃时，支架温度可上升约25℃；当钢支架磁导率取200，其他条件不变时，每副支架损耗在15W~20W，故在单芯电缆载流量较大时不能忽视涡流损耗产生的影响。受冶炼加工工艺水平制约，奥氏体不锈钢中往往含有少量马氏体或铁素体，由于马氏体或铁素体自身带有磁性从而造成奥氏体不锈钢中含有弱磁性，故不能将不锈钢材质等同认为一定是非磁性材料。

电缆支架设计长度和安装，应符合《电力电缆隧道设计规程》DL/T 5484—2013 第12.1.5条和第12.1.6条要求，在适当预留条件下可以降低电缆受到撞击和变形的影响，提高电力电缆的运行安全性。除此之外，尚应符合《城市电力电缆线路设计技术规定》DL/T 5221—2016 第8.0.1条，《电力电缆隧道设计规程》DL/T 5484—2013 第12.1.1条、第12.1.7条和《电力工程电缆设计标准》GB 50217—2018 第6.2.2条等做出的其他规定。

5.7.10 在电力电缆舱内任何敷设条件下，电力电缆产生各种弯曲时的牵引力和侧压力应按《城市电力电缆线路设计技术规定》DL/T 5221—2016 附录A给出的方法计算。

5.7.11 明确了蛇形敷设节距和弧幅应按《城市电力电缆线路设

计技术规定》DL/T 5221—2016 附录C 给出的方法计算。

5.7.12 现行国家标准《城市综合管廊工程技术规范》GB 50838 以及各综合管廊地方性标准均未对固定部件强度做出规定。本条款引用现行国家标准《电力工程电缆设计标准》GB 50217 内容，对电力电缆固定部件的抗张强度做出规定，强调需进行短路电动力验算。

5.7.13 在《电力工程设计手册 电缆输电线路设计》中给出了对接头或电缆转弯处紧邻部位的固定方式和次数要求。在《城市电力电缆线路设计技术规定》DL/T 5221—2016 附录B 中，规定电缆引出接头 150mm 处应有一处刚性固定。在我国一些地区，尚有电缆引出接头一定长度后进行一处以上刚性固定的要求。同时，依据《电力工程设计手册 电缆输电线路设计》和《城市电力电缆线路设计技术规定》DL/T 5221—2016 第 4.5.6 条和第 4.9 节给出了其他固定方式下的要求。

5.7.14 电力电缆防火措施

1 依据《电缆防火措施设计和施工验收标准》DLGJ 154—2000 第 5.2.4 条做出采取其他防火隔离措施的规定。

2 电缆防火封堵材料应依据《建筑防火封堵应用技术标准》GB/T 51410—2020 第 5.3.1 条，根据贯穿孔口间隙大小酌情采用无机或有机材料。同时，依据《电力电缆隧道设计规程》DL/T 5484—2013 第 9.2.4 条对封堵材料密实度、厚度提出要求。

3 参考国家电网有限公司《国家电网有限公司关于印发十八项电网重大反事故措施（修订版）的通知》国家电网设备【2018】979 号文件第 13.2.1.5 条和内蒙古电力（集团）有限责任公司《十八项电网重大反事故措施》Q/ND 10702—2019 第 16.2.1.5 条的要求做出规定。

4 参考《城市地下综合管廊管线工程技术规程》T/CECS 532—2018 第 8.3.6 条的要求做出规定，在雄安新区等地已按此规定执行，各方普遍认可取得了良好效果。

5 通过参考大量工程设计方案，在上海、北京、海南等地区普遍采用接头错开布置方式，保证一回接头处发生火灾时同一变电站供电的可靠性。本条款推荐采用此种布置方式。

5.8 通信线缆

5.8.1 参考《城市综合管廊工程技术规范》GB 50838—2015 第6.7.2条，通信线缆敷设安装应按桥架形式设计。

5.8.2 参考《通信线路工程设计规范》GB 51158—2015 第4.2.3条，局内、室内光缆宜选用非延燃材料外护层结构。《城市综合管廊工程技术规范》GB 50838—2015 第6.7.1条，通信线缆应采用阻燃线缆。根据综合管廊防火等级对缆线燃烧性能的要求，选用相应阻燃等级的缆线，做到安全可靠、经济合理。

5.8.3 通信线缆桥架选择和布置的规定：

1 线缆桥架或线缆支架是采用悬臂形式用以承托通信线缆的专用架子，由竖向支架和水平桥架组合而成。所选通信线缆桥架材质应满足通信线缆敷设、运行和维护等的质量要求，确保综合管廊的运行安全。

2 所选通信线缆桥架和支架材质应满足质量要求，其机械强度应满足通信线缆施工作业、日常运行时的承重要求，并留有足够裕度，确保综合管廊的运行安全。

3 根据《城市综合管廊工程技术规范》GB 50838—2015 第7.3.8条，综合管廊内的金属构件、金属管道和电气设备金属外壳均应与接地网连通。根据《综合布线系统工程设计规范》GB 50311—2019 第8.0.8条规定，金属管槽应保持连续的电气连接，可靠接地点不应少于两处。

4 根据《建筑抗震设计规范》GB 50011—2010 第3.7.1条，非结构构件，包括建筑非结构构件和建筑附属机电设备，自身及其与结构主体的连接，应进行抗震设计。通信线缆桥架安装应本着方便运行和维护，减轻地震破坏，避免人员伤亡，减少经济损失的设计原则，并应符合国家标准《通信设备安装工程抗震设计标准》GB 51369—2019 的有关规定。

5 根据《综合布线系统工程设计规范》GB 50311—2016 第 6.5.4 条，布线导管或桥架在穿越建筑物结构伸缩缝、沉降缝、抗震缝时，应采取补偿措施。穿越综合管廊结构变形缝的桥架，会因温度、承载等引起结构变形，应考虑桥架的软连接线或伸缩节等部位的冗余量长度，其连接的做法应依据综合管廊构造并满足施工安装、检修、维护方便及建筑美观等要求，布放与使用过程应对缆线无实质损害。

5.8.4 参考《通信线路工程设计规范》GB 51158—2015 第 6.1.3 条的有关规定。

5.8.5 参考《通信线路工程设计规范》GB 51158—2015 第 6.1.4 条规定，确定综合管廊内通信线缆敷设安装时光缆的各类增长和预留长度。

5.8.6 光缆接头盒位置应确保安全稳固的前提下，充分考虑施工、维护的作业空间和便利性。光缆接续应符合国家标准《通信线路工程设计规范》GB 51158—2015 第 6.6.1 条的有关规定。

5.8.7 关于通信线缆防护的规定。

1 参考《通信线路工程设计规范》GB 51158—2015 第 8.1.1 条的有关规定。电缆线路及有金属构件的光缆线路应考虑强电干扰的影响。

2 参考《通信局（站）防雷与接地工程设计规范》GB 50689—2011 第 3.8.3 条的有关规定。在出入综合管廊时，应对通信线缆的金属护层和金属构件进行防雷接地，可以有效避免雷电破坏传输系统的正常运行或危及维护人员的安全，因此金属构件接地是安全生产的重要保障之一。

3 参考《通信线路工程设计规范》GB 51158—2015 第 8.1.5 条和《通信局（站）防雷与接地工程设计规范》GB 50689—2011 第 3.15.3 条的规定。光缆接头处两侧金属构件不应作电气连通，将雷、电影响的积累段限制为单盘光缆的制造长度之内，以减小影响的积累段长度。

5.9 管线监控

5.9.1 本条规定根据现行国家标准《城市综合管廊工程技术规范》GB 50838 中第 3.0.9 条的要求，纳入综合管廊的管线应进行专项管线设计，管线监控设计是属于专项管线设计范畴的一项重要组成部分。

参照《城市地下综合管廊管线工程技术规程》T/CECS 532—2018 第 8.2.9 条，并参考其他综合管廊地方性标准，做出监测信息应传输至综合管廊智慧管理平台的规定。

监控系统通过对监测存储的数据进行比对分析，可以判断管网是否出现泄漏及泄漏程度，预判管网泄漏的发展趋势，以便及时制定修复方案。

管线和电力电缆配套监测设备、控制执行机构或监控系统应设置与综合管廊监控与报警系统联通的信号传输接口，并应采用标准接口。

参照国家标准《城市综合管廊工程技术规范》GB 50838—2015 第 6.1.3 条。管道上监测设备含压力变送器、流量计等，目的是综合管廊运行管理单位能够对综合管廊和廊内管线进行全面的管理。当出现紧急情况时，经专业管线单位确认，综合管廊运行管理单位可对管线配套设备进行必要的应急控制和处理。

5.9.2 热力管道属于高危介质压力管道，管道一旦破裂将对人员安全、综合管廊结构本体造成重大危害。设置监测泄漏系统，可以预先发出报警，提醒维护人员及时地对管道进行检修、更换，避免管道爆裂的发生。热力管道一旦出现故障导致停暖，将产生非常严重的社会影响，所以非常有必要设置泄漏监测系统，以便在管道出现泄漏时能及时获取报警信息、及时定位、组织修复，保证管道的运行安全。

2 出现泄漏报警后应具备对管网的泄漏点进行定位的功能。

3 监测系统的组网方式支持云端服务器组网或用户独立组网方式的要求旨在适应不同用户需求。对于不希望数据对外且拥有自建服务器组网的用户，可采用独立组网的方式。对于装备数量较少，且可以数据对外的用户，可采用第三方的云端服务器进行数据访问，减少服务器系统初期投资和后期维护成本。

4 可通过测量管道保温层外侧的温度变化监测保温管道的泄漏或保温失效。管道泄漏热水或蒸汽渗透至保温层，保温层外部温度上升，温度高于没有泄漏的位置，从而发现泄漏位置。也可通过测量保温层内部的湿度变化监测管道的泄漏。测量保温管道外部温度的测量可采用分布光纤测温系统，测量保温层内部湿度变化可以采用电阻抗时域反射系统。

5.9.3 根据以往电力隧道工程、综合管廊工程的运行经验，电缆本身引起的火灾主要发生在电缆接头部位。此外电力电缆长期过载运行、结构缺陷、绝缘层老化、外护层破损的表征之一是温度过高，故需要对电缆接头及表层温度进行实时监控。参考国家电网公司企业标准《高压电缆及通道在线监测系统技术导则》Q/GDW 11641—2016 第 4.3 节，对电力电缆应配置的在线监测系统种类做出规定。

6 结构设计

6.1 一般规定

6.1.1 根据现行国家标准《工程结构可靠性设计统一标准》GB 50153及《建筑结构可靠性设计统一标准》GB 50068的规定，采用概率极限状态设计方法，以分项系数的形式表达。本规范中的荷载分项系数应按现行国家标准《建筑结构荷载规范》GB 50009的规定取用。

6.1.2 综合管廊结构设计应对承载能力极限状态和正常使用极限状态进行计算，并应考虑施工和使用过程中在结构上可能出现的荷载和工况。

1 承载能力极限状态应包括下列内容：

1） 对应于管廊结构达到最大承载能力，管廊主体结构或连接构件因材料强度被超过而破坏；

2） 管廊结构因过量变形而不能继续承载或丧失稳定；

3） 管廊结构作为刚体失去平衡（横向滑移、上浮）。

2 正常使用极限状态应包括下列内容：

1） 对于管廊结构符合正常使用或者耐久性能的某项规定限值；

2） 影响正常使用的变形量限值；

3） 影响耐久性能的控制开裂或局部裂缝宽度限值等。

6.1.3 参照国家标准《城市综合管廊工程技术规范》GB 50838—2015第6.1.3条，补充了综合管廊监控中心设计工作年限规定。

6.1.4 依据国家标准《城市综合管廊工程技术规范》GB 50838—2015第8.1.6条。国家标准《建筑结构可靠度设计统一标准》GB 50068—2018第3.2.1条规定，建筑结构设计时，应根据结构破坏可能产生的后果（危及人的性命、造成经济损失、产生社会影响等）的严重性，采用不同的安全等级。综合管廊内容纳的管线为电力、给水等城市生命线，破坏后产生的经济损失和社会影响都比较严重，故确定综合管廊的结构安全等级为一级。

6.1.5 参照国家标准《城市综合管廊工程技术规范》GB 50838—2015 第 8.1.7 条。《混凝土结构设计规范》GB 50010—2010（2015 年版）第 3.4.4 和第 3.4.5 条将裂缝控制等级分为三级。根据现行国家标准《地下工程防水技术规范》GB 50108—2008 第 4.1.7 条明确规定，裂缝宽度不应大于 0.2mm，并不应贯通。腐蚀环境下裂缝控制要求应符合现行国家标准《混凝土结构耐久性设计标准》GB/T 50476 和《工业建筑防腐设计标准》GB/T 50046 的规定。

6.1.6 依据国家标准《城市综合管廊工程技术规范》GB 50838—2015 第 8.1.4 条。综合管廊耐久性设计尚可参照现行国家标准《工业建筑防腐蚀设计标准》GB/T 50046 有关规定。当遇腐蚀性环境条件时，应采取相应的防腐蚀措施。

6.1.7 依据国家标准《城市综合管廊工程技术规范》GB 50838—2015 第 8.1.8 条。根据国家标准《地下工程防水技术规范》GB 50108—2008 第 3.2.1 条，综合管廊防水等级标准应为二级。综合管廊的地下工程不应漏水，结构表面可有少量湿渍。总湿渍面积不应大于总防水面积的 1/1000；任意 $100m^2$ 防水面积上的湿渍不超过 2 处，单个湿渍的最大面积不应大于 $0.1m^2$。综合管廊的变形缝、施工缝和预制构件的接缝位置是管廊结构的薄弱部位，应对其防水和防火措施进行适当加强。

6.1.8 依据国家标准《城市综合管廊工程技术规范》GB 50838—2015 第 8.1.9 条制定。

6.1.9 依据国家标准《城市综合管廊工程技术规范》GB 50838—2015 第 8.2.1 条。国内外综合管廊主体结构较多采用钢筋混凝土结构包括预制拼装结构，近年来国内也有些管廊采用装配式方拱形波纹钢板结构等钢结构、化学管材结构等。

6.1.10 地基计算均应符合承载力计算的有关规定。周边环境复杂，管廊结构复杂等情况下应作变形验算。对经常受水平、偏压荷载作用的管廊结构，以及建造在斜坡上或边坡附近的管廊构筑物，尚应验算其稳定性。当遇软弱土地基，如湿陷性黄土、盐渍土、淤泥等，应采取地基处理措施。

6.1.11 基坑支护工程是为管廊主体结构的施工而采取的临时性措施。因基坑开挖涉及基坑周边环境安全，支护结构除满足主体结构施工要求外，还需满足基坑周边环境要求。

6.1.12 通过基坑监测可以及时掌握支护结构受力和变形状态、基坑周边受保护对象变形状态是否在正常设计状态之内。当出现异常时，以便采取应急措施。基坑监测是保证支护结构和周边环境安全的重要手段。

6.1.14 依据国家标准《城市综合管廊工程技术规范》GB 50838—2015 第 8.1.10 条。预制拼装管廊纵向节段的尺寸及重量不应过大。在构件设计阶段应考虑到节段在吊装、运输过程中受到的车辆、设备、安全、交通等因素的制约，并根据限制条件综合确定。

6.2 材 料

6.2.1 依据国家标准《城市综合管廊工程技术规范》GB 50838—2015 第 8.2.1 条。国内调研发现，潮湿问题是综合管廊内较为普遍存在的现象，管廊内壁、管线表面及支架和桥架等处常存在凝露现象，地下水丰富地区尤为严重，且受到季节及地域影响。空气湿度大、管廊渗漏及通风问题是主要因素。管廊内的金属预埋件、支吊架、监测仪器、电气设备等受到影响较大，同时，通风与否及不同季节湿度变化，对管廊结构耐久性也有一定影响。

6.2.2 参照国家标准《城市综合管廊工程技术规范》GB 50838—2015 第 8.2.2 条。当地下水土具有一定腐蚀性时，混凝土强度等级尚应符合现行国家标准《混凝土结构耐久性设计标准》GB/T 50476 的有关规定。参考国家建筑标准设计图集《预制混凝土综合管廊》18GL204，预制钢筋混凝土结构的混凝土强度等级不低于 C40。现行行业标准《电力电缆隧道设计规程》DL/T 5484 规定预制钢筋混凝土结构的混凝土强度等级不宜低于 C50。

6.2.3～6.2.5 依据国家标准《城市综合管廊工程技术规范》GB 50838—2015 第 8.2.3～8.2.5 条。

6.2.6 综合管廊长期受地下水、地表水的作用，为改善结构的耐久性，应严格控制混凝土中氯离子含量和含碱量。依据国家标准《混凝土结构设计规范》GB 50010—2010（2015 年版）第 3.5 节中，对混凝土中总碱含量做出了限制，第 3.5.5 条，按照 100 年设计使用年限，一类环境混凝土中最大氯离子含量为 0.06%。依据国家标准《城市综合管廊工程技术规范》GB 50838—2015 第 8.2.6 条，氯离子含量不应超过胶凝材料总量的 0.1%。《地下工程防水技术规范》GB 50108—2008 第 4.1.14 条规定，氯离子含量不应超过胶凝材料总量的 0.1%。《混凝土结构耐久性设计标准》GB/T 50476—2019 附录 B 中规定，设计使用年限 50 年以上的钢筋混凝土构件，其混凝土氯离子含量在各种环境下均不应超过 0.08%。

6.2.7 依据国家标准《城市综合管廊工程技术规范》GB 50838—2015 第 8.2.7 条，补充了掺加减缩剂的要求。

6.2.8 依据国家标准《城市综合管廊工程技术规范》GB 50838—2015 第 8.2.8 条。

6.2.10 依据国家标准《城市综合管廊工程技术规范》GB 50838—2015 第 8.2.9 条，并补充了相关标准。

6.2.11 依据国家标准《城市综合管廊工程技术规范》GB 50838—2015 第 8.2.10 条，给出推荐的钢筋等级。

6.2.12～6.2.15 依据国家标准《城市综合管廊工程技术规范》GB 50838—2015 第 8.2.11～8.2.14 条。

6.2.16 依据现行国家标准《高分子防水材料 第 2 部分：止水带》GB/T 18173.2 及国家建筑标准设计图集《城市综合管廊工程防水构造》19J302 等制定。

6.2.17 依据现行国家建筑标准设计图集《城市综合管廊工程防水构造》19J302 和现行国家标准《高分子防水材料 第 4 部分：盾构法隧道管片用橡胶密封垫》GB/T 18173.4 制定。

6.2.18 依据现行国家标准《高分子防水材料 第 4 部分：盾构

法隧道管片用橡胶密封垫》GB/T 18173.4 及国家建筑标准设计图集《城市综合管廊工程防水构造》19J302。

6.2.19 依据国家标准《城市综合管廊工程技术规范》GB 50838—2015 第 8.2.17 条，遇水膨胀橡胶密封垫的检验应符合现行国家标准《高分子防水材料 第 4 部分：盾构法隧道管片用橡胶密封垫》GB/T 18173.4 及《液压气动用 O 形橡胶密封圈 第 2 部分：外观质量检验规范》GB/T 3452.2 有关规定。

6.3 结构上的作用

6.3.1 依据国家标准《城市综合管廊工程技术规范》GB 50838—2015 第 8.3.1 条及《工程结构可靠性设计统一标准》GB 50153—2008 第 5.2.3 条，原则提出具体作用（荷载）划分的规定。

作用在综合管廊结构上的荷载须考虑施工阶段及使用过程中荷载的变化，选择使整体结构或构件应力最大、工作状态最为不利的荷载组合进行设计。地面荷载一般简化为与结构埋深有关的均布荷载，但覆土较浅时，应按照实际情况计算。

6.3.2、6.3.3 依据国家标准《城市综合管廊工程技术规范》GB 50838—2015 第 8.3.2 条、第 8.3.3 条。

6.3.4 依据国家标准《城市综合管廊工程技术规范》GB 50838—2015 第 8.3.4 条，可变作用准永久值应为可变作用的标准值乘以作用的准永久值系数。

6.3.5 综合管廊设计使用年限为 100 年，应按照现行国家标准《建筑结构荷载规范》GB 50009 第 3.2.5 条，确定可变荷载考虑设计使用年限的调整系数。

6.3.6 依据国家标准《城市综合管廊工程技术规范》GB 50838—2015 第 8.3.6 条。

6.3.7 综合管廊顶板竖向土压力值可参照刚性管道土压力计算模式确定。对于开槽施工及顶管施工的管廊，可参照现行国家标准《给水排水工程管道结构设计规范》GB 50332 确定竖向土压力系数。

6.3.8 地面活荷载取值要考虑综合管廊100年使用年限期内的条件变化。绿化带范围的地面活荷载，当绿化可能栽种大型树木时，荷载可参照现行行业标准《种植屋面工程技术规程》JGJ 155确定；当管廊埋深较浅时，机动车道边界外一定范围尚应考虑汽车轮压的影响。

6.3.9 地下水位以下的水土压力计算方法一般依据土层条件确定，一般黏性土采用水土合算的方法，砂性土采用水土分算的方法。

6.3.11 依据国家标准《城市综合管廊工程技术规范》GB 50838—2015第8.3.7条。综合管廊属于狭长形结构，当地质条件复杂时，往往会产生不均匀沉降，引起综合管廊结构附加内力。当能够设置变形缝时，尽量采取设置变形缝的方式来消除由于不均匀沉降产生的内力。

6.3.12 依据国家标准《城市综合管廊工程技术规范》GB 50838—2015第8.3.8条。

6.4 现浇混凝土管廊结构

6.4.1 依据国家标准《城市综合管廊工程技术规范》GB 50838—2015第8.4.1条。现浇混凝土综合管廊结构一般为矩形箱涵结构，结构的受力模型为闭合框架。一般地基条件下，现浇管廊闭合框架计算模型见图1。

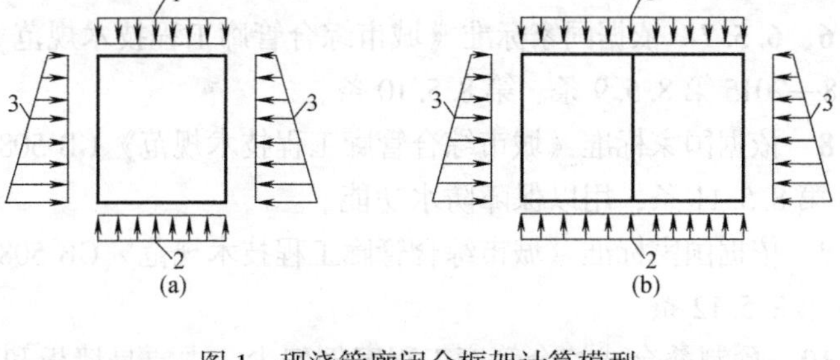

图1 现浇管廊闭合框架计算模型

(a) 单舱管廊；(b) 双舱管廊

1—综合管廊顶板荷载；2—综合管廊基底反力；3—综合管廊侧向水土压力

6.4.2 依据国家标准《给水排水工程构筑物结构设计规范》GB 50069—2002 第 6.1.4 条，钢筋混凝土墙（壁）的拐角及与顶、底板的交接处，宜设置腋角。腋角的边宽不应小于 150mm，并应配置构造钢筋，一般可按墙或顶、底板截面内受力钢筋的 50% 采用。

6.4.3 主体结构钢筋不应在应力较高的受拉区截断，管廊外侧钢筋截断位置宜设置在受力较小处。国家标准《给水排水工程构筑物结构设计规范》GB 50069—2002 第 6.3.3 条，钢筋混凝土墙（壁）的拐角处的钢筋，应有足够的长度锚入相邻的墙（壁）内；锚固长度应自墙（壁）的内侧表面起算。

6.5 预制拼装管廊结构

6.5.1、6.5.2 依据国家标准《城市综合管廊工程技术规范》GB 50838—2015 第 8.5.1 条、第 8.5.2 条。

6.5.3 适用于预制拼装综合管廊结构中的现浇部分。

6.5.4 依据国家标准《城市综合管廊工程技术规范》GB 50838—2015 第 8.5 节。

6.5.5 预制拼装综合管廊的界面压力限值根据国家标准《城市综合管廊工程技术规范》GB 50838—2015 第 8.5.7 条和主编单位完成的相关研究成果确定，主要是为了保证弹性密封垫的紧密接触，达到相关标准。

6.5.6、6.5.7 依据国家标准《城市综合管廊工程技术规范》GB 50838—2015 第 8.5.9 条、第 8.5.10 条。

6.5.8 依据国家标准《城市综合管廊工程技术规范》GB 50838—2015 第 8.5.11 条，用以保障防水功能。

6.5.9 依据国家标准《城市综合管廊工程技术规范》GB 50838—2015 第 8.5.12 条。

6.5.10 预制叠合式综合管廊工程案例偏少，主要是墙板和顶板采用预制叠合结构，其预制叠合结构的纵向现浇连接段是结构的薄弱环节，注意其结构的纵向强度的连续性。

6.6 顶管管廊结构

6.6.1 结合国内顶管的经验和教训，顶管不宜在承载力低于30kPa的淤泥土层，砾石含量大于30%的土层或粒径大于200mm的砾石含量大于5%的土层，也不宜在土层软硬明显的界面上长距离顶进。

6.6.2 参照《给水排水工程顶管技术规程》CECS 246—2008第5.4节规定。管廊顶覆土厚度主要是减少地面沉降，另外，也有施工方面的考虑。

6.6.3 参考《给水排水工程顶管技术规程》CECS 246—2008第5.3节规定，顶管间距是从顶进时避免互相影响的最小距离考虑，应根据土层性质、管廊直径和管廊埋置深度等因素确定，这个结论已有试验验证。当综合管廊内有燃气管道时，尚应符合燃气规范有关规定。

6.6.4 圆形管廊的管壁稳定和管道竖向变形计算，可参照现行国家标准《给水排水工程管道结构设计规范》GB 50332。顶管顶进阻力计算可参照现行国家标准《给水排水管道工程施工及验收规范》GB 50268。

1 计算完成一次顶进过程（从工作井至接收井）所需的最大顶推力。当估算的总顶推力大于管道允许顶力或工作井允许顶力时，需增加减阻措施或设置中继间；

2 计算管廊端传力面允许的最大顶力；

3 计算管廊壁截面的最大环向应力、最大纵向应力、最大组合应力等；

4 当采用柔性管廊结构时，计算管廊壁截面失稳临界压力；

5 计算柔性管廊结构在地面荷载等竖向荷载作用下产生的最大长期竖向变形，其变形量应不影响管廊的正常使用；

6 计算钢筋混凝土管廊在长期效应下，处于大偏心受拉或大偏心受压状态时的最大裂缝宽度。

6.6.5 长距离顶管综合管廊的顶管井一般兼做综合管廊的节点

井，此类节点井可兼做综合管廊吊装口、逃生口、通风口及配电间、控制间等，因此其选址和空间布置应兼顾顶管和综合管廊节点井的需求。由于一般顶管井深度较大且间距也较大，该处逃生口的逃生通道宜采用楼梯，不宜采用爬梯。临时顶管井可采用板桩围护墙、型钢水泥土搅拌墙、灌注桩排桩围护等形式，兼做永久性节点井时，应采用钢筋混凝土结构支护形式。顶管工作井应满足在顶力和周边水土压力作用下的强度和变形要求。当墙背后土体为软弱土体时，尚宜采取措施对土体进行适当加固。

6.7 盾构管廊结构

6.7.2 盾构管廊的断面形状有圆形、矩形、椭圆形、双圆搭接型等多种形式。对于盾构综合管廊，矩形断面的空间利用率最高，与圆形断面相比可节约30%的空间。但与其他断面相比，圆形断面结构稳定、受力条件好，盾构造价低、容易操作，管片制作和拼装简单方便，而且国内绝大多数盾构为圆形断面，积累了丰富的经验，所以选取断面时宜优先选取圆形断面。如果条件成熟，也可采用其他断面。

6.7.3 盾构综合管廊的埋深应根据地面环境、地下设施、地质条件、开挖面尺寸和盾构特性等确定。日本规范中提出盾构法隧道顶部的覆土厚度一般为1~1.5*D*（*D*为隧道外径）。在工程实践中，有覆土厚度小于1.0*D*的成功实例，也有埋深较大时仍发生地面沉陷和喷发事故的情况。对于盾构综合管廊，由于其断面小，且城市地表多为填土层等，土质一般较差，盾构法施工的综合管廊覆土厚度不宜小于管廊的外径，局部地段无法满足时应采取必要的措施。

6.7.4 本条所说的平行设置的管廊是指在一定区间的平面上或立面上设置相互平行的管廊，且距离较近时，会在横断面方向或纵断面方向发生与单个管廊所不同的位移及应力，严重时会影响到管廊衬砌的安全性。管廊净距应根据地质条件、盾构类型、埋深等因素确定，当无法满足要求时，必须对相邻管廊相互干扰产生的地基松弛或施工荷载的影响进行分析论证，根据需要进行衬砌加固、地基改良或采用辅助施工措施控制变形等。

6.7.6 盾构综合管廊的地基抗力分析有两种方法，一种方法是认为地基抗力与地层位移无关，是与作用荷载平衡的反作用力，一般预先进行假设；另一种则认为地基抗力从属于地基的位移，认为地基抗力是由衬砌向围岩方向移位而发生的反力。

6.7.8 根据地质条件与周边环境情况以及竖井规模，盾构法竖井通常采用明挖法施工，其围护结构可选择钢拱架、钢板桩、钻孔桩、地下连续墙以及沉井法等。

6.7.9 始发竖井和到达竖井尺寸确定：

1 盾构两侧预留 0.75m~2.0m 主要是为了方便盾构的吊装和其他施工作业。

2 电缆的转弯半径由电缆的电压等级来确定。

3 始发竖井在盾构前后预留的空间主要考虑台车的长度和数量。到达竖井不用考虑渣土的运出和管片的运入。

6.7.10 始发竖井和到达竖井的开口结构：

1 考虑施工误差和入口密封圈的安装富裕量，开口结构尺寸应比盾构外径大 100mm~200mm。到达竖井考虑到蛇行导致的误差，宜比出发竖井大一些。

2 因为竖井的开口作业容易影响围岩坍塌的危险，所以必须按小分片拆除临时挡土墙体，施工时要迅速而慎重地进行。

3 由于盾构刀盘略大于盾构机体，开口结构应设置洞口密封圈，以防止开挖的土砂、地下水和同步注浆的浆液流入竖井内。特别是始发竖井应重点考虑泥水仓中的泥水压力问题，一旦泄露会使泥水压力骤降，掌子面无法保持平衡，从而引起地表沉陷，围岩塌方的危险，尤其是泥水平衡盾构最为严重。盾构通过之后待浆液完全硬化后应浇筑洞口混凝土。

6.8 防水设计

6.8.2 综合管廊防水设防要求：明挖法管廊应按国家标准《地下工程防水技术规范》GB 50108—2008 表 3.3.1-1 选用，暗挖法管廊应按国家标准《地下工程防水技术规范》GB 50108—2008 表 3.3.1-2 选用。

6.8.3 水对管廊的危害是多方面的，漏水的长期作用，可能造成电缆、电气设备等金属构件的腐蚀损坏，管廊的侵蚀破坏，影响管线的运行，危害管廊的耐久性；寒冷地区，管廊衬砌渗水反复的冻融循环，在衬砌内部造成衬砌混凝土冻胀开裂破坏；管廊渗漏水还将极大降低管廊各种管道、各种设施的使用功能和寿命。因此，管廊的防水设计应针对地表水、地下水进行妥善处理，结合管廊支护衬砌采取可靠的防水措施，使管廊内外形成一个完整的通畅的防水系统。综合管廊的变形缝、施工缝和预制接缝等部位是管廊结构的薄弱部位，应对其防水和防火措施进行适当加强。管廊主要防水设施为防水层、防水衬砌、止水带等，主要堵水措施有围岩体内压注水泥浆或其他化学浆液、设置止水墙等。

6.8.4 考虑到混凝土在综合管廊工程中会受地下水侵蚀，其耐久性会受到影响。现在我国地下水特别是浅层地下水受污染比较严重，而防水混凝土又不是绝对不透水的材料，据测定抗渗等级为 P8 的防水混凝土的渗透系数为 5×10^{-10} cm/s ~ 8×10^{-10} cm/s。所以地下水对管廊工程的混凝土、钢筋的侵蚀破坏已是一个不容忽视的问题。为确保工程的使用寿命，单靠用防水混凝土来抵抗地下水的侵蚀其效果有限，而防水混凝土和其他防水层结合使用则可较好地解决这一矛盾。

6.8.5 防水层应根据施工环境条件等因素选择材料品种和设置方式，同时强调卷材防水层和涂料防水层必须具有足够的厚度，以保证防水的可靠性和耐久性。

6.8.6 防水层的施工虽是管廊工程施工过程中的一道工序，其后续工序，如回填、底板侧墙绑扎钢筋、浇筑混凝土等均有可能损伤已做好的防水层；顶板底板保护层采用细石混凝土，主要考虑板上部施工荷载对防水层的影响；保护层和防水层间设隔离层，主要是防止保护层伸缩对防水层的破坏。

6.8.7 顶板防水层上设置耐根穿刺防水层目的是防止植物根系刺破防水层，《种植屋面工程技术规程》JGJ 155 中规定了耐根穿刺防水材料的种类和物理性能指标；种植土中有时因降水会形成滞水，当积水到一定高度并浸没植物根系，可能导致根系腐烂，因此有必要设置排水层并与各部分排水系统综合考虑。耐根穿刺层防水材料的选用应符合国家相关标准的规定或具有相关权威检测机构出具的材料性能检测报告。

6.8.8 考虑到目前盾构法隧道管片防水混凝土等级不小于 C30 时，混凝土试块的抗渗等级都大于 P8，通常达到 P10，而混凝土中氯离子扩散系数是判断其耐久性的主要手段，尤其是对处于侵蚀性地层的隧道衬砌而言。

6.8.12 本条规定了嵌缝防水的做法：

1 与地面建筑、道路工程变形缝嵌缝槽不同，因盾构衬砌嵌缝材料在背水面防水，故嵌缝槽槽深应大于槽宽。

2 由于盾构衬砌承受水压较大，相对变形较小，因而嵌缝材料应是中、高弹性模量类的防水密封材料，如聚硫、聚氨酯、改性环氧类材料，也可以是有限制膨胀措施下的遇水膨胀类腻子或密封材料等未定形类材料。

3 本条规定是因为底部嵌缝对防止隧道沉降是必要的；顶部嵌缝对防止渗漏影响盾构的运营安全与防腐蚀是需要的。另外嵌缝在根本上达不到防水、止水，仅起到疏引作用。

6.8.13 对有侵蚀性介质的地层或埋深显著增加的地段等需要增强衬砌防腐蚀、防水能力时，需要采用外防水涂料。环氧类防腐蚀涂料封闭性好，水泥基渗透结晶型或硅氧烷类涂料抗渗透性好，两类涂料各有所长，均可选择。

6.8.15 有侵蚀性地下水时，应针对不同的侵蚀类型采用不同的抗侵蚀混凝土和抗侵蚀性的防水卷材，防止混凝土结构遭侵蚀而影响其结构强度，失去防水能力。对待侵蚀性地下水要因地制宜，尽可能采用多道防线达到防侵蚀的目的。

6.9 构造要求

6.9.1 依据国家标准《混凝土结构设计规范》GB 50010—2010 第8.1.1条。由于地下结构的伸（膨胀）缝、缩（收缩）缝、沉降缝等结构缝是防水防渗的薄弱部位，应尽可能少设，故将前述三种结构缝功能整合设置为变形缝。

变形缝间距应综合考虑混凝土温度收缩、基坑施工等因素确定，在采取以下措施的情况下，变形缝间距可适当加大：

1）采取减少混凝土收缩或温度变化的措施；

2）采用专门的预加应力或增配构造钢筋的措施；

3）采用低收缩混凝土材料，采取跳仓浇筑、后浇带、控制缝等施工方法，并加强施工养护。

综合管廊十字形或T字形交叉节点等结构复杂部位与管廊标准段交接处，因结构刚度突变造成有些部位的内力较标准段有较大增加，此处宜设置变形缝，特别是对于现浇管廊和预制拼装管廊结构。研究表明，综合管廊交叉节点与管廊标准段相交处因刚度突变会产生较大的内力，宜设置抗震变形缝。当采用整体连接时，也可通过三维整体抗震分析进行结构加强处理。

6.9.2 依据现行国家标准《混凝土结构设计规范》GB 50010、《给水排水工程构筑物结构设计规范》GB 50069的规定及综合管廊工程实践。

6.9.3 综合管廊迎水面混凝土保护层厚度依据国家标准《地下工程防水技术规范》GB 50108—2008 第4.1.7条和《电力电缆隧道设计规程》DL/T 5484—2013 第4.3.2条的规定确定。对于预制拼装管廊结构，因其混凝土强度及浇筑质量较高，最外层钢筋的混凝土保护层厚度可适当减薄。

6.9.4 参照现行国家标准《给水排水工程构筑物结构设计规

范》GB 50069 中构造要求的相关规定。

6.9.6 现行国家标准《给水排水工程构筑物结构设计规范》GB 50069 规定，止水板材宜采用橡胶或塑料止水带，止水带与构件混凝土表面的距离不宜小于止水带埋入混凝土内的长度，当构件的厚度较小时，宜在缝的端部局部加厚，并宜在加厚截面的突缘外侧设置可压缩性板材。

6.9.7 上述措施为控制综合管廊变形缝两侧的沉降差。给水排水箱涵等类似于综合管廊结构形式的构筑物的工程实践表明，上述措施对于预防变形缝处的沉降差、保护橡胶止水带的正常工作具有较好的效果。保护层局部加厚和设置抗剪筋的构造作法见图 2 和图 3。抗剪筋可采用 Φ25~40@500~800。

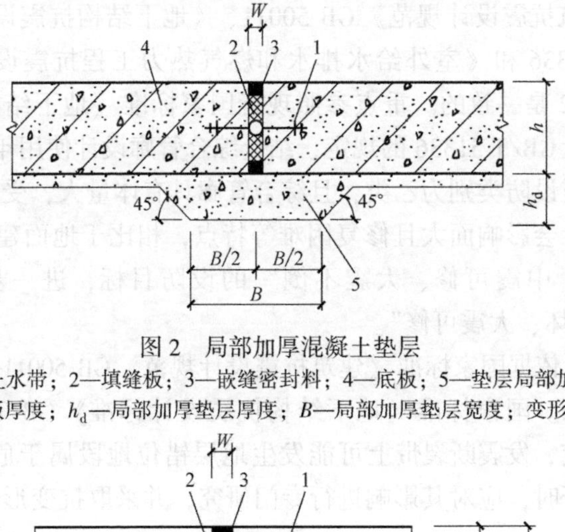

图 2 局部加厚混凝土垫层

1—止水带；2—填缝板；3—嵌缝密封料；4—底板；5—垫层局部加厚；h—底板厚度；h_d—局部加厚垫层厚度；B—局部加厚垫层宽度；变形缝宽度

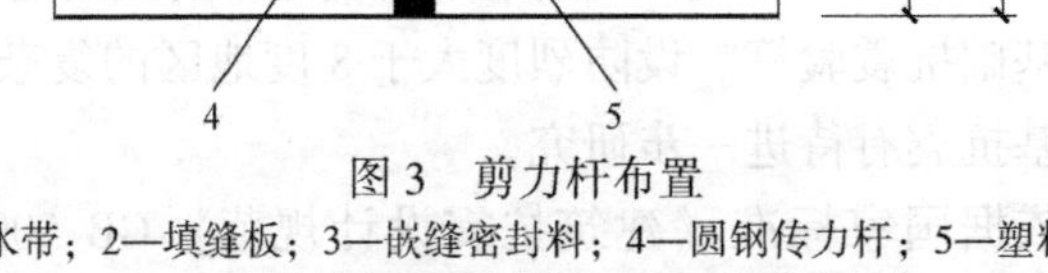

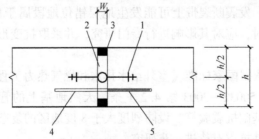

图 3 剪力杆布置

1—止水带；2—填缝板；3—嵌缝密封料；4—圆钢传力杆；5—塑料套管；h—顶板、壁板或底板厚度；W—变形缝宽度

6.9.8 保障天然气管道泄漏后不至扩散到相邻舱室的安全措施。

6.9.9 隔墙设置止水带有利于加强各舱室间水和气体密封性。

6.9.10 参照国家标准《给水排水工程构筑物结构设计规范》GB 50069—2002 第 6.4.1 条。

6.10 抗震设计

6.10.1、6.10.2 参考国家标准《城市综合管廊工程技术规范》GB 50838—2015 第 8.1.5 条、《建筑抗震设计规范》GB 50011—2010 第 14.1.4 条和现行国家标准《地下结构抗震设计标准》GB/T 51336 相关条文制定，并补充了监控中心抗震设防分类。

6.10.3 对综合管廊的抗震设防的基本思想和原则同现行国家标准《建筑抗震设计规范》GB 50011、《地下结构抗震设计标准》GB/T 51336 和《室外给水排水和燃气热力工程抗震设计规范》GB 50032 是一致的。重点参照现行国家标准《地下结构抗震设计标准》GB/T 51336 的规定，结合综合管廊设计使用年限为 100 年，抗震设防类别为乙类，且综合管廊具有体量大，受损后造成的经济社会影响面大且修复困难等特点，相比于地面建筑，“小震不坏、中震可修、大震不倒”的设防目标，进一步提高到“中震不坏、大震可修”。

6.10.4 依据国家标准《建筑抗震设计规范》GB 50011—2010 第 14.1.2 条。国家标准《地下结构抗震设计标准》GB/T 51336—2018 规定，发震断裂带上可能发生地层错位地段属于危险地段，不能避开时，应对其影响进行专门研究，并采取抗变形的结构和构造措施。

6.10.5 依据国家标准《室外给水排水和燃气热力工程抗震设计规范》GB 50032—2003 第 4.2.1 条，天然地基上的管道可不进行地基和基础抗震验算。设防烈度大于 8 度地区的复杂节点井等部位的地基抗震有待进一步研究。

6.10.6 依据国家标准《建筑抗震设计规范》GB 50011—2010 第 4.2.2 条。

6.10.7 依据国家标准《建筑抗震设计规范》GB 50011—2010 表 5.1.3 和第 14.2.3 条,《室外给水排水和燃气热力工程抗震设计规范》GB 50032—2003 第 5.1.4 条。地下结构的重力荷载代表值。地下建筑结构静力设计时，水、土压力是主要荷载，故在确定地下建筑结构的重力荷载的代表值时，应包含水、土压力的标准值。

6.10.8 依据国家标准《建筑抗震设计规范》GB 50011—2010 第 14.2.3 条，地面下设计基本地震加速度值随深度减少是公认的，但取值各国有不同规定；一般在基岩面取地表的 1/2，基岩至地面按深度线性内插。

6.10.9 参照国家标准《建筑抗震设计规范》GB 50011—2010 第 14.2.2 条，《地下结构抗震设计标准》GB/T 51336—2018 第 3.4 节的有关规定。

综合管廊纵向地震作用地层变形位移宜考虑双向地震输入方式施加：沿管廊轴线施加的纵向地层变形位移与沿管廊轴线垂直方向的横向地层变形位移之比 1/0.85 或 0.85/1。管廊可采用梁单元建模，当管廊结构断面复杂时，也可选用壳单元或其他单元建模。对于预制装配式管廊，梁单元长度应按预制管段的长度确定，模型长度不宜小于地层变形波长或取全长。对于交叉管廊，模型沿交叉节点向两个主轴方向延展长度不宜小于地层变形波长或取全长，且考虑地层变形周期历程对交叉节点地震反应的最不利影响。

依据国家标准《城市轨道交通结构抗震设计规范》GB 50909—2014 规定，隧道结构纵向地震反应时的验算，可分别根据隧道结构纵向和横向水平方向地震震动的结构反应进行抗震验算；同时指出，纵向地震反应分析，应综合考虑纵向和横向水平向地震动的耦联结果，对结构进行纵向和横向验算，但两个方向地震震动的耦联方式有待进一步深入研究，且两个方向地震响应最大值一般情况下不可能同时发生。依据国家标准《建筑抗震设计规范》GB 50011—2010，根据强震观测记录统计分析，两个水平方向地震震动加速度最大值比值约为 1/0. 85。为此，将地震响应位移按照轴向和横向分别为 1/0. 85 和 0. 85/1 的比例施加在地基土弹簧端部，以考虑纵向和横向水平方向地震震动之间的耦联效应。

6. 10. 10 参考《建筑抗震设计规范》GB 50011—2010 第 14. 2. 3 条。对综合管廊地下重要节点结构，宜同时计算结构横向和纵向的水平地震作用。综合管廊交叉节点附近管廊结构受力复杂，对于管廊与交叉节点整体连接的节点结构，宜建立包含该段管廊及交叉节点的三维空间模型，进行综合管廊节点整体抗震计算。

6. 10. 11 依据国家标准《地下结构抗震设计标准》GB/T 51336—2018 第 4. 2. 7 条、第 4. 2. 8 条，《建筑抗震设计规范》GB 50011—2010（2016 版）第 14. 2. 4 条的要求制定。

6. 10. 12 综合管廊与地下通道、地下轨道交通或地下综合体等地下设施采用整体结构共建时，应进行整体抗震分析。

6. 10. 13 依据国家标准《室外给水排水和燃气热力工程抗震设计规范》GB 50032—2003 第 10. 3. 3 及第 10. 3. 5 条。当场地土层软硬变化较大、Ⅲ～Ⅳ类场地软弱地基或位于高烈度场地上时，综合管廊变形缝处错动变位将对止水带造成破坏，同时对廊内管线造成较大影响。宜采取措施防止变形缝两侧产生过大变形。

综合管廊变形缝采取钢筋抗剪键有利于消耗震能，控制变形缝两侧的过大变位，对变形缝防水构造起到保护作用。

6. 11 耐久性设计

6. 11. 1 本条提出混凝土结构耐久性设计的基本内容，强调耐久性的设计不限于确定材料的耐久性指标与钢筋的混凝土保护层厚度。适当的防排水构造措施能够非常有效地减轻环境作用，因此也是耐久性设计的重要内容。

在严重环境作用下，仅靠提高混凝土保护层的材料质量、增加保护层的厚度，往往还不能保证设计使用年限，这时就应采取一种或多种防腐蚀附加措施组成合理的多重防护策略；对于使用过程中难以检测和维修的关键部件应采取多重防护措施。

6.11.2 综合管廊混凝土结构耐久性设计应涵盖结构选型、材料选择、构造设计、施工和运营管理各个阶段。合理的结构构造、合格的原材料、合理的混凝土配合比、可靠的施工过程质量控制及定期检查与维修是确保混凝土结构耐久性的主要因素，也是耐久性设计的基本原则。鼓励设计人员采用新材料、新工艺和新方法，但要经过试验论证，并通过相关主管部门的评审。

6.11.3 根据国家标准《混凝土结构耐久性设计标准》GB/T 50476—2019 第4.1.2条。

6.11.4 综合管廊结构长期受地下水、地表水的作用应控制混凝土材料配比，改善结构的耐久性。依据国家标准《混凝土结构设计规范》（2015年版）GB 50010—2010 第3.5.3条提出设计使用年限为50年的结构、《城市综合管廊工程技术规范》GB 50838—2015 第8.2.2条、《工业建筑防腐蚀设计标准》GB/T 50046—2018 第4.2.3条设计使用年限为50年的结构、《地下工程防水技术标准》GB 50108—2008 第4.1.16条、《混凝土结构耐久性设计标准》GB/T 50476—2019 附录B.1 及北京地标《城市综合管廊工程设计规范》DB11/1505—2017 第8.11.1条的有关规定。

6.11.7 参照现行国家标准《给水排水工程构筑物结构设计规范》GB 50069—2002 第3.0.9条。

6.11.8 参照国家标准《混凝土结构耐久性设计标准》GB/T 50476—2019 第3.5.8条。混凝土施工缝、伸缩缝等连接缝是结构中相对薄弱的部位，容易成为腐蚀性物质侵入混凝土内部的通道，故在设计与施工中应尽量让局部环境作用比较不利的部位不应设在干湿交替的水位变动区。

6.11.9 依据国家标准《混凝土结构耐久性设计标准》GB/T 50476—2019 第C.0.1条。在环境作用下混凝土结构采用防腐蚀附加措施是为了减轻环境对混凝土构件的作用、减缓混凝土构件的劣化过程，达到延长构件的使用年限的目的。从耐久性设计角度，如果采用的防腐蚀附加措施的保护作用持续周期较为明确，则可考虑其对构件使用年限的贡献。即混凝土构件和附加防腐蚀措施在环境作用下共同完成构件的使用年限；如果措施的保护作用及其有效周期无定量研究和数据支撑，则可作为提高原混凝土构件对使用年限保证率的措施。防腐蚀附加措施的选择应考虑具体的环境作用，具体环境条件或者构件局部环境的施工与维护条件便利与否。如果使用的防腐蚀附加措施显著增加了工程造价，则需要综合考虑防腐蚀附加措施的成本与其保护效果，使构件的全寿命成本达到合理的水平。

6.11.10 综合管廊内潮湿环境导致金属预埋件腐蚀较快，实际工程案例中也多有发现，应采取加强防腐措施。

7 附属设施设计

7.1 消防系统

7.1.1 本条规定了综合管廊的火灾危险性分类原则。综合管廊舱室的火灾危险性根据舱室内敷设的管线类型、材质、附件等，是参照现行国家标准《建筑设计防火规范》GB 50016 和《城市综合管廊工程技术规范》GB 50838—2015 第 7.1.1 条的有关火灾危险性分类的相关规定而制定的。另外，在一些综合管廊工程中，还敷设有垃圾气力输送管道，本条也依据其火灾危险性进行了分类。

7.1.2 参照国家标准《城市综合管廊工程技术规范》GB 50838—2015 第 7.1.2 条制定，舱室的火灾危险性是由舱室内敷设的管线种类材质及燃烧性能决定的，当含有两类及以上管线时，火灾危险性类别应按火灾危险性较大的管线确定。

7.1.3 参照现行国家标准《建筑设计防火规范》GB 50016 和《城市综合管廊工程技术规范》GB 50838—2015 第 7.1.3 条，对于结构缝隙，为了防止窜烟窜火，应采用适宜的防火封堵材料及组件进行封堵。

7.1.4、7.1.5 参照国家标准《城市综合管廊工程技术规范》GB 50838—2015 第 7.1.4 条、第 7.1.5 条。

7.1.6 参照国家标准《城市综合管廊工程技术规范》GB 50838—2015 第 7.1.6 条并适当调整。

现行国家标准《城市综合管廊工程技术规范》GB 50838 规定的天然气舱室消防和通风区间为 200m，根据近几年的相关研究成果，将消防和通风区间定为 400m，风险可控。因此，本标准结合目前国内工程实际情况推荐事故分隔间距为 400m。对于采用盾构法施工的管廊，分隔尚应结合盾构施工的相关条件酌情选择。

7.1.7、7.1.8 参照国家标准《城市综合管廊工程技术规范》GB 50838—2015 第7.1.7条、第7.1.8条。

7.1.9 参照国家标准《城市综合管廊工程技术规范》GB 50838—2015 的相关规定和标准修编的情况制定。有关研究结果表明，管廊内的照明灯具、电气设备等故障以及供电线路短路故障燃烧，容易引燃管廊里敷设的大量的成束通信光缆和 PVC 保护套管等可燃材质管线，酿成一个或多个舱室发生重大火灾事故，因此可考虑设置自动灭火系统。

北京市规划和自然资源委员会发布的《城市综合管廊工程技术要点》规定：干线、干支结合、支线综合管廊电力电缆接头部位应设置自动灭火装置。

此外，监控中心控制区及设备区、变配电所等，电气设备和缆线较多，火灾风险较高，一旦发生火灾可能导致综合管廊局部或整个管廊不能正常运行，根据工程条件和重要性可设置自动灭火系统。

7.1.10 综合管廊各个舱室、节点、口部的火灾危险性，与总体设计、断面设计、管线设计、节点口部设计、附属设施设计等相关，灭火系统的设计应在确保安全可靠的前提下，做到技术先进、经济合理，并符合国家有关方针和政策。

目前，在综合管廊建设工程中应用较多的灭火系统主要包括超细干粉灭火装置、热气溶胶灭火装置和细水雾灭火系统，水喷雾灭火系统、泡沫灭火系统等也有少量应用。本条仅对综合管廊自动灭火系统的选择提出建设性意见，但并不限制或排斥其他类型的灭火系统。

7.1.11 对于综合管廊电力电缆舱等舱室火灾，超细干粉灭火装置，宜选用全淹没灭火方式，具有较好的灭火效果。同时，因穿越河道或采用非开挖施工技术等原因造成舱室内封闭长度区间超长时，无法对舱室进行防火分隔的，可进行分区应用灭火，做到既保证安全性又确保可靠性。有关综合管廊实体火灾试验研究结果表明，当采用分区应用灭火方式时，灭火区间太短可能导致灭火效果差或灭火失败。当灭火区间长度达到100m及以上时，灭火效果较好，干粉灭火剂能够控制和扑灭电力电缆的燃烧。

综合管廊的设备间、交叉口及各舱室交叉部位、工作井、电缆接头集中铺设区等部位火灾风险较大，应采用全淹没灭火方式，确保灭火效果。

研究表明，在综合管廊内，超细干粉灭火装置采用全淹没灭火方式或分区应用灭火方式时，要求的灭火设计浓度是不一样的，且差异较大，在分区应用灭火时，超细干粉灭火剂向舱室两端其他分区快速扩散，必须适当加大灭火设计浓度才能确保灭火效果。

所谓生产单位标称灭火浓度，是依据国家权威机构按照现行行业标准《干粉灭火装置》XF 602规定的试验方法实测并在报告中注明的灭火浓度值。不同厂家的超细干粉灭火装置的标称灭火浓度值存在较大差异。目前在国内生产销售的超细干粉灭火装置的标称灭火浓度大致在$100g/m^3$~$150g/m^3$之间。实体火灾试验发现，对于综合管廊舱室，各类管线布置密集，彼此遮挡，严重影响超细干粉灭火剂喷射和扩散性能，对灭火效能也有较大不利影响，需要适当加大灭火剂设计用量和灭火设计浓度。本条要求是在相关试验研究基础上提出的，必要时，应由具有相应资质的机构根据项目实际情况进行相应的灭火试验验证确定。

超细干粉灭火装置的设置位置和喷射角度对舱室内干粉灭火剂的扩散均匀性有显著影响，超细干粉灭火装置通常安装在舱室廊道的正上方，灭火剂喷射时容易受到管线和电缆桥架的阻挡，影响灭火效能，因此，其安装高度、布置间距、设置位置、喷射角度和喷射性能等应满足综合管廊的实际情况需要。

此外，经实体火灾试验证实，超细干粉灭火装置具有一定的极限保护范围，一味增加单具灭火装置的灭火剂充装量并不能无限加大其保护范围。为了杜绝在工程设计中，只关注防护区灭火设计浓度达到要求，忽视了单具灭火装置的保护范围和保护能力有限，任意增加单台灭火装置的灭火剂质量、减少灭火装置设置数量，加大设置间距，导致灭火能力不能满足实际需要，因此，本条对单台干粉灭火装置的灭火剂质量进行限定。

7.1.12 结合当前综合管廊建设实际情况和综合管廊实体火灾灭火试验相关研究成果制定的。在国家标准《细水雾灭火系统技术规范》GB 50898—2013 中第 3.4.5 条规定，采用全淹没应用方式的开式系统，其防护区数量不应大于 3 个，单个防护区的容积不宜超过 3000m^3（泵组系统），该规范适用于工业与民用建筑中相对封闭空间内的可燃固体、可燃液体火灾和带电设备火灾的细水雾灭火系统设计，而综合管廊属于狭长的地下构筑物，与普通工业与民用建筑具有很大区别，不能简单地执行该规范，应从安全性、可靠性、经济性等多方面统筹考虑。从系统安全性和可靠性方面考虑，综合管廊内一套细水雾泵组灭火系统的保护范围不宜过长，防止因系统故障造成整条综合管廊无法得到消防保护的严重后果，同时，管线过长可能导致沿程阻力损失过大，末端喷头工作压力难于保证。从经济性方面考虑，如果一套细水雾泵组灭火系统的保护范围只有两三个舱室防护区，那么一条数公里的管廊内就势必设置多套甚至十几套细水雾泵组灭火系统，会显著增加工程成本，经济性太差。从国内外现有的细水雾灭火系统设备技术性能来看，高压细水雾灭火系统具有远距离输送能力，通过科学地进行系统设计，一套泵组能够保护几千米长的综合管廊，同时能做到及时响应、可靠动作、有效灭火控火。以新疆某综合管廊细水雾灭火系统为例，全长约 4.5km，系统泵组设置在综合管廊中部位置，保护半径约 2.2km，该项目在技术和经济两个方面进行了较好的统筹兼顾，目前系统运行状态良好。

对于综合管廊电力电缆舱等舱室火灾，当采用细水雾灭火系统，宜选用全淹没灭火方式，具有较好的灭火效果。同时，因穿越河道或采用非开挖施工技术等原因造成舱室内封闭长度区间超长时，无法对舱室进行防火分隔的，可进行分区应用灭火，做到既保证安全性又确保可靠性。有关实体火灾试验研究结果表明，当采用分区应用灭火方式时，灭火区间太短可能导致灭火效果差甚至灭火失败，当灭火区间长度达到100m及以上时，能够保证好的灭火效果。

细水雾灭火系统的工作压力、喷雾强度、喷头的安装间距和安装高度等性能参数、管网布置等应依据系统组件性能参数和综合管廊的具体情况进行设计计算确定，必要时，应由具有相应资质的机构根据项目实际情况进行相应的灭火试验验证确定。

7.1.13 依据现行国家标准《气体灭火系统设计规范》GB 50370并结合综合管廊的实际情况制定。综合管廊属于狭长的地下构筑物，在含有电力电缆的舱室设置热气溶胶灭火装置时，由于舱室可能长达200m，舱室内需要设置安装较多数量的灭火装置，不满足现行国家标准《气体灭火系统设计规范》GB 50370中规定的一个防护区内灭火装置数量不宜超过10台的要求。但是，随着技术的进步，先进的自动控制技术在自动灭火系统中得到了广泛应用，通过采用分组顺次启动方式，能够实现对多达数十具甚至上百具灭火装置的联动控制，确保了系统的可靠性。

对于综合管廊舱室，各类管线布置密集，彼此遮挡，严重影响热气溶胶灭火剂喷射和扩散性能，对灭火效能有较大不利影响，需要适当加大灭火剂设计用量和灭火设计浓度。设计计算时，应按照生产单位标称灭火浓度计算灭火剂用量。所谓生产单位标称灭火浓度是由国家权威机构按照《气溶胶灭火系统 第1部分：热气溶胶灭火装置》XF 499.1规定的试验方法实测并在报告中注明的灭火浓度值。不同厂家的热气溶胶灭火装置的标称灭火浓度相差较大，目前在国内生产销售的热气溶胶灭火装置的标称灭火浓度大致在$80g/m^3$~$150g/m^3$。必要时，应由具有相应资质的机构根据项目实际情况进行相应的灭火试验验证确定。

热气溶胶灭火装置的设置位置和喷射角度对灭火剂的扩散均匀性有较大影响，其设置位置、安装方式、喷口朝向、喷射角度都应有利于灭火剂的快速扩散，喷口前端应避开遮挡物。

热气溶胶灭火装置启动时发生放热反应，如果灭火剂燃烧速度控制不好、冷却降温材料使用不当，可能带来一定的安全风险，因此，参照相关研究数据及其他标准制修订情况，本条对单台热气溶胶灭火装置的灭火剂质量进行了限定。

7.1.14~7.1.16 参照现行国家标准《气体灭火系统设计规范》GB 50370 制定。

7.2 通风系统

7.2.1 依据国家标准《城市综合管廊工程技术规范》GB 50838—2015 第 7.2.1 条。考虑到节能和运行的情况，一般情况下宜采用自然进风和机械排风相结合的方式。考虑到敷设天然气及污水管道的舱室存在可燃气体泄漏的可能，为及时快速将泄漏气体排出，应采用机械排风+机械进风强制通风方式。缆线管廊一般不设置机械通风系统。

7.2.2 给出了电缆舱室温度控制通风要求以及电缆散热量计算。

当按照持续允许载流量选择电力电缆导体截面时，依据《电力工程电缆设计标准》GB 50217—2018 第 3.6.5 条，在隧道内敷设电力电缆环境温度应取通风设计温度，鉴于综合管廊和电力隧道的相似性采用此条款。对于通风设计温度，依据《电力电缆隧道设计规程》DL/T 5484—2013 第 9.1.2 条、《小型火力发电厂设计规范》GB 50049—2011 第 21.3.8 条，应按夏季排风设计温度不超过 40℃计算。电力电缆散热量可按《工业与民用供配电设计手册》第四版计算。对于通风量的计算尚无明确统一的计算方法，可参考国家电网公司企业标准《暗挖电缆隧道设计标准》Q/GDW 11186 和《明挖电缆隧道设计标准》Q/GDW 11187—2014 第 10.1 条给出的公式计算。

7.2.3 参照国家标准《综合管廊工程技术规范》GB 50838—2015 第 7.2.2 条，并进行适当调整。

2 针对天然气管道舱室不同的区域和工况，提出正常通风及事故通风换气次数要求。

7.2.4 电力电缆舱及天然气舱的通风系统在火灾时应及时关闭，

防止火势有氧燃烧剧烈，故应设置电动防火阀火灾时可及时关闭通风系统使火势无法蔓延，且在火灾后检测烟气温度低于280℃且无复燃条件下，方可开启风机排烟，对防火阀提出技术要求。并对天然气舱室的通风系统提出要求。

7.2.5 出口风速要求系参照国家标准《城市综合管廊工程技术规范》GB 50838—2015 第7.2.3条规定。“正常通风时通风口处出风风速不宜超过5m/s”主要是针对有人员经常在周边活动的情况，其他情况可适当放宽。

7.2.6 参照国家标准《城市综合管廊工程技术规范》GB 50838—2015 第7.2.4条。

7.2.7 参照国家标准《城市综合管廊工程技术规范》GB 50838—2015 第7.2.5条。通风机可以采用变频等方式实现节能要求，其能效等级不应低于国家标准《通风机能效限定值及能效等级》GB 19761—2020 中的2级，通风机噪声应满足现行行业标准《通风机 噪声限值》JB/T 8690—2014 的要求。

7.2.8 参照国家标准《城市综合管廊工程技术规范》GB 50838—2015 第7.2.8条。综合管廊一般为密闭的地下构筑物，不同于一般民用建筑。管廊内一旦发生火灾应及时可靠地关闭通风设施。火灾扑灭后由于残存的有毒烟气难以排除，对人员灾后进入清理十分不利，为此应设置事故后机械排烟设施。火灾结束且廊内温度满足风机开启条件后，再开启事故排烟风机进行通风。事故排烟风机宜兼做正常通风风机。

7.3 供配电系统

7.3.1 参照国家标准《城市综合管廊工程技术规范》GB 50838—2015 第7.3.1条。综合管廊系统一般呈现网络化布置，涉及的区域比较广。其附属用电设备具有负荷容量相对较小而数量众多、在管廊沿线呈带状分散布置的特点。按不同电压等级电源所适用的合理供电容量和供电距离，一座管廊可采用由管廊沿线的市政公网分别引入多路0.4kV电源进行供电的方案，也可以采用集中一处由市政公网提供中压电源，如10kV电源供电的方案。管廊内再划分若干供电分区，由内部自建的10kV配变电所供配电。不同电源方案的选取与当地供电部门的市政公网供电营销原则和综合管廊产权单位性质有关，供电方案的不同直接影响到建设投资和运行成本，故需做充分调研工作，根据具体条件经综合比较后确定经济合理的供电方案。

综合管廊分区变电站根据当地供电部门规定宜采用集中供电模式，并应在综合管廊靠近城市电源变电站处同步设置综合管廊分区变电站。综合管廊分区变电站建筑面积不宜小于150m^2，当靠近管廊监控中心时，宜与管廊监控中心建筑合并设置。

综合管廊分区变电站宜结合管廊主体结构设置，当邻近管廊设置时应有通道连通。在地面街道用地紧张、景观要求高等地区管廊分区变配电所宜采用全地下或半地下建筑形式，并应做好防洪、防水措施。

7.3.2 参照国家标准《城市综合管廊工程技术规范》GB 50838—2015第7.3.2条。本条根据综合管廊的特点及用电负荷性质，对综合管廊及监控中心的用电负荷进行了分级。用电负荷分级是根据电力负荷因事故中断供电造成的损失或影响的程度，区分其对供电可靠性的要求，损失或影响越大，对供电可靠性的要求越高。用电负荷分级主要是从安全和经济损失两个方面来确定。用电负荷分级的意义在于正确地反映它对供电可靠性要求的界限，以便恰当地选择符合实际水平的供电方式，保护人员生命安全和财产安全，并根据负荷等级采用相应的供电方式，提高投资的经济效益和社会效益。

7.3.3 综合管廊供电电源规定，参照国家标准《城市综合管廊工程技术规范》GB 50838—2015第7.3.2条。

1 只有当地区供电条件困难时，才允许由一回6kV及以上的专用架空线路供电。当线路采用电缆时，应采用两路线路。考虑二级用电负荷在综合管廊中的重要性，本条应从严控制。

应急电源的要求及应急电源切换时间与负荷的匹配要求应按

照现行国家标准《供配电系统设计规范》GB 50052 执行。

3 监控与报警系统主要由进行数据实时处理的电子设备构成，对电源稳定性、连续性有较高要求。为监控报警设备设置 UPS 不间断电源装置，不但可以在电源质量上提供必要保障，而且可以根据监控报警系统应急工况持续工作要求，配备符合供电连续要求的后备蓄电池，确保监控报警系统对电源的需要。

采用具有自动和手动旁路装置的UPS是为了避免在UPS设备发生故障或进行维修时中断电源。UPS不间断电源装置应采用在线式连续工作制，为保障 UPS 长久稳定运行，UPS 容量应留有安全裕量，一来可以满足负荷容量波动与一定发展的需求，还可以避免 UPS 因过载故障而带来危害。一般 UPS 负荷率以不超过 75%为宜，确定 UPS 容量时尚应考虑到负载的功率因数。

4 在火灾工况下，普通电源可能需要被切断。所以火灾自动报警系统应由综合管廊消防电源供电。可燃气体探测报警系统是涉及综合管廊安全的重要负荷，应采用专用的供电回路。当可燃气体泄漏时，为保障安全，需要切除与应急处置无关的普通电源，所以可燃气体探测报警系统应采用普通电源之外的重要负荷专用电源。

为了简化优化综合管廊供配电系统，重要负荷专用电源可以与消防电源合并，采用一套电源。此外，为了保证报警系统当交流电源特殊情况下失电后仍能连续工作，所以还必须设置蓄电池作备用电源。

7.3.4 综合管廊供配电系统要求，参照国家标准《城市综合管廊工程技术规范》GB 50838—2015 第 7.3.3 条、第 7.3.5 条、第 7.3.7 条，并作适当补充。

1 由于管廊空间相对狭小，附属设备的配电采用 TN-S 系统，有利于减少对人员的间接电击危害，减少对电子设备的干扰，便于进行总等电位联结。

2 综合管廊每个防火分区一般均配有各自的进出口、通风、照明、消防设施，将每个防火分区划作供电单元可便于供电管理和消防时的联动控制。由于综合管廊存在后续各专业管线、电缆等工艺设备的安装敷设，故有必要考虑作业人员同时开启通风、照明等附属设施的可能。

3 为满足二级负荷供电可靠性要求，同时考虑空间有限应尽量减少管廊内配电电缆根数，综合管廊自用10/0.4kV（或20/0.4kV）配变电站低压出线采用放射式、树干式、分区树干式、放射式与树干式相结合的供配电方式引至各配电单元。

4 用电设备端电压的电压偏差直接影响到设备功能的正常发挥和使用寿命，以长距离带状为特点的管廊供电系统中，应校验线路末端的电压损失不超过规定要求。设备受电端的电压偏差：动力设备不宜超过供电标称电压的±5%，照明设备不宜超过+5%、−10%。

5 规定旨在保证消防用电设备供电的可靠性。实践中尽管电源可靠，但如果消防设备的配电线路不可靠，仍不能保证消防用电设备供电的可靠性，因此要求消防用电设备采用专用的供电回路。

6 规定是无功补偿的基本原则，按照这个原则才能达到按需平衡补偿、技术优化、经济合理，不会出现无功功率倒送的现象。并使电源总进线处功率因数满足当地供电部门要求。无功补偿可采用SVG与电容器组合形式来实现。

7 各供电单元总进线处设置电能计量测量装置，便于综合管廊监控平台对各供电单元进行电能、电量监控以及用电波峰波谷分析，进一步加强用电管理。

8 规定旨在火警时，为保障消防配电线路及所带的消防设备能坚持工作，不因过载而切断消防线路。同理于火灾自动报警系统主电源不应设置剩余电流动作保护和过负荷保护装置，保证火灾自动报警系统能在火警时坚持工作。

9 设置检修电源箱的目的是考虑到综合管廊管道及其设备

安装时的动力要求。根据电焊机的使用情况，可满足一台常规电焊机的使用，其一、二次电缆长度一般不超过30m，以此确定检修电源箱的安装间距。

10 人员在进入某段管廊时，一般需要先进行换气通风、开启照明，故需在每个分区的入口设置开关。每区段的各出入口均安装开关，可以方便巡检人员在任意出入口均能及时关闭本段通风或照明，以利于节能。为了减少爆炸性气体环境中爆炸危险的诱发可能性。在含天然气管线的舱室内一般不宜设置插座类电器，当必须设置检修插座时，插座必须采用防爆型，在检修工况且舱内泄漏气体浓度低于爆炸下限值的20%时，才允许向插座供电。

7.3.5 参照《城市综合管廊工程技术规范》GB 50838—2015 第7.3.5条的规定。

7.3.6 电气设备选择规定，参照国家标准《城市综合管廊工程技术规范》GB 50838—2015 第7.3.4条。

1 适用于地下管廊潮湿环境而导致的人身电阻降低和身体接触地电位而增加电击危险的安全防护，当廊内环境潮湿时，廊内的配电柜、控制柜宜设置防凝露的加热设备。

2 规定旨在保证消防用电设备配电箱的防火安全和使用的可靠性。通常的防火保护措施有：将配电箱和控制箱安装在符合防火要求的配电间或控制间内；采用内衬岩棉对箱体进行防火保护。

3 规定旨在保证电气设备的维护和操作净距，并应采取防水防潮措施，避免电气设备不被进水所浸泡。

4 敷设在管廊中的天然气管道管法兰、阀门等属于现行国家标准《爆炸危险环境电力装置设计规范》GB 50058 规定的二级释放源，在通风条件符合规范规定的情况下该区域可划为爆炸性气体环境2区。天然气管道舱配电单元应单独设置，是考虑到管廊其他舱室电气系统发生故障时，避免带来对天然气管道舱产生的次生灾害。

7.3.7 配电线缆的选择及敷设规定，参照国家标准《城市综合管廊工程技术规范》GB 50838—2015 第7.3.6条。

1 管廊敷设有大量管线、电缆，空间一般紧凑狭小，采用阻燃和耐火电缆，是由于其具有较好的阻燃和耐火性。耐火电缆在火灾条件下不仅能够保证火灾延续时间内的消防供电，还不会延燃、不会产生大量烟雾。耐火电缆耐火时间应满足消防设备火灾发生后坚持工作的时间。

2 防止电缆中间接头损坏引起突发性爆燃，造成天然气舱次生灾害。

3 管廊敷设有大量管线、电缆，空间一般紧凑狭小，配电线路采用穿金属管或沿电缆桥架布线，在火灾条件下能够增强对电缆自身的保护，还不会延燃，而对其他电气设备和电气线路产生损害。

4 消防配电线路的敷设是否安全，直接关系到消防用电设备在火灾时能否正常运行，因此本条对消防配电线路的敷设提出了明确要求。管廊电缆明敷时，由于线路暴露在外，火灾时容易受火焰或高温的作用而损毁，因此要求线路明敷时要穿金属导管或金属线槽并采取保护措施，保护措施一般可采取包覆防火材料或涂刷防火涂料。

5 天然气舱配电线路所配穿线保护管不是通常的保护钢管，而是采用低压流体输送用镀锌焊接钢管，是为将爆炸性气体或火焰隔离切断，防止沿保护管传播或防止烟、火焰从保护管接头处串出到保护管涉及的部位。

7.3.8 防雷、接地及等电位联结规定，参照国家标准《城市综合管廊工程技术规范》GB 50838—2015 第7.3.8条、第7.3.9条。

1、2 综合管廊雷电防护设计应坚持预防为主、安全第一的原则，凡是雷电可能侵入的通道和途径，都必须预先考虑到，采取相应防护措施，尽量将雷电高电压、大电流堵截消除在电气设备之外，对残余雷电电磁影响，应采取有效措施将其疏导入大地，这样才能达到对雷电的有效防护。满足国家现行标准《建筑物防雷设计规范》GB 50057 和《建筑物电子信息系统防雷设计规范》GB 50343 的相关规定。

3 规定了综合管廊电子信息系统的雷电防护等级不应低于B级。

4 实践证明，采用综合接地装置，不但节省投资，而且接地极的寿命长，接地电阻值也可以达到较低值。如果接地系统不是共用一个接地网时，连接不同电位接地装置的设备间可能会出现电位差，危及人身及财产安全。

综合管廊为埋设在地下的封闭构筑物，较易实现共用接地。共用接地网时，虽然电子信息设备信号接地在相关标准中未规定电阻值，但为满足功能性接地和保护性接地要求，联合接地系统接地电阻应按各系统接地要求中的最小值确定，接地电阻不应大于1Ω。

5 利用综合管廊的自然接地体接地，不但可以节省投资，而且接地极寿命长，所以优先采用管廊的自然接地体接地。为保证接地网电气联结可靠，自然接地装置和人工接地网之间应采用不少于两根导体在不同地点、不同方向可靠连接，并且人工接地网宜采用不锈钢、铜、钢镀铜等耐腐材质。

6 电气装置外露可导电部分、金属构件、电缆金属护套、电缆保护金属管、电缆金属桥架、电缆金属支架等电气装置外可导电部分以及保护和功能连接导体应各自连接到总接地端子上，这样当一根导体断开时，其余导体仍保持固定方式连接到总接地端子上，总接地端子箱应与管廊接地网连通。

7 天然气舱室的接地系统：1kV 交流/1.5kV 自流以下的电源系统应符合以下规定：

1）爆炸性环境中的 TN 系统应采用 TN-S 型；

2）危险区中的 TT 型电源系统应采用剩余电流动作的保护电器；

3）爆炸性环境中的 IT 电源系统应设置绝缘监测装置。

7.4 照明系统

7.4.1 正常照明和应急照明的规定，参照国家标准《城市综合管廊工程技术规范》GB 50838—2015 第7.4.1条。

1 本条旨在规定综合管廊内正常照明的设计标准。规定了一般照明灯在不同场所或部位，按现行国家标准《建筑照明设计标准》GB 50034，对不同场所或部位的地面水平照度做出了相应规定。

该照度标准值是指综合管廊监控中心控制室内维持的平均照度值，是照明装置必须进行维护时，在规定工作面上的平均照度，这是为确保综合管廊监控中心控制室正常工作时视觉安全和视觉功效所需要的照度，并满足照明节能的评价指标。

2 综合管廊检修箱内应设置局部检修照明灯具插座的目的是：主要考虑检修时可能正常照明回路不能供电，或由于管廊内敷设了大量的管线、电缆，导致管廊内空间狭小，视野情况不好，为便于检修而在检修箱内设置的检修照明灯具插座。

7.4.2 参照国家标准《城市综合管廊工程技术规范》GB 50838—2015 第7.4.1条。旨在规定消防应急照明和疏散指示系统的工程技术标准，综合管廊的消防应急照明和疏散指示系统的设计、施工、调试、检测、验收、维护均应遵循本条之规定。

2 本条规定了管廊内疏散照明照度值及应急照明时间，参考了美国、英国等国家的相关标准，但仍较这些国家的标准要求低，因此有条件的要尽量增加该照明的照度，从而提高人员的疏散速度和安全疏散条件，有效减少人员伤亡，保障人员的疏散的安全性。

3 监控室、配电室等正常照明失电后仍需要保证正常工作或活动的场所是管廊发生火灾需要继续保持正常工作的部位，应同时设置应急备用照明、疏散照明、疏散指示标志，即：备用照明不应代替消防应急照明。同时备用照明的照度值仍应保证正常照明的照度要求。

综合管廊内配电单元（现场操作站）、消防水泵房等正常照明失电后仍需要保证正常工作或活动的场所是管廊发生火灾需要继续保持正常工作的部位，故应急备用照明的照度值仍应保证正常照明的照度要求。

4 疏散出入口指示标志的设置位置一般有：出入口、逃生口和各防火门上方；疏散指示标志一般沿疏散通道设置，应保证人员能清晰辨识疏散路径、疏散方向、安全出口的位置。

5 设置有火灾自动报警系统的综合管廊的消防控制室，应有根据火灾报警信号自动/手动强制切换疏散指示标志方向的功能。

7.4.3 综合管廊照明光源、灯具及其附属装置规定，参照国家标准《城市综合管廊工程技术规范》GB 50838—2015 第 7.4.2 条。

1 本条是综合管廊选择光源的一般原则。细管（小于或等于 26mm）直管型三基色荧光灯光效高、寿命长、显色性好，适用于在综合管廊内安装。本条规定了综合管廊的应急照明光源在应急点亮和指示状态改变的时间应满足该场所的响应时间要求。

2 本条规定了管廊照明灯具的最低效率或效能值以利于节能，这些规定仅是最低允许值。

3 综合管廊通道空间一般紧凑狭小、环境潮湿，且其中需要进行管线的安装施工作业，施工人员或工具较易触碰到照明灯具。按照国际电工委员会（IEC）关于安全特低电压（SELV）的规定，可按现行国家标准《建筑物电气装置 第 7-717 部分：特殊装置或场所的要求 移动的或可搬运的单元》GB 16895.31 等执行。手持式局部照明灯具应采用触电防护类别为Ⅲ类的灯具，并采用安全特低电压（SELV）供电。

4 对综合管廊内（监控中心除外）照明灯具的防潮、防外力要求提出了具体规定。

5 本条规定了综合管廊消防应急照明灯具的技术标准与现行国家标准《建筑设计防火规范》GB 50016 和《消防应急照明和疏散指示系统技术标准》GB 51309 相关规定相同。

6 天然气舱采用的防爆灯具的防爆级别和组别不应低于该爆炸性气体环境内爆炸性气体混合物的级别和组别。

7.4.4 参照国家标准《城市综合管廊工程技术规范》GB 50838—2015 第 7.4.3 条。综合管廊照明配电回路敷设的导线线径的最低标准、配电回路敷设方式、消防配电回路导线材质以及照明配电回路在天然气舱敷设的特殊要求。

7.4.5 综合管廊普通照明和应急照明应防火分区设置回路并按照区段分段控制，利于综合管廊照明标准段化，便于照明配电设计。每区段的各出入口均安装开关，可以方便巡检人员在任意出入口离开时均能关闭本段照明。远程控制和自动控制照明功能实现在综合管廊控制室内远程自动控制照明开闭。

7.4.6 综合管廊照明的节能应注重选用节能灯具、节能镇流器、自动控制照明开闭以及无功补偿提高功率因数等方面节能，特别是气体放电灯配电感整流器时，通常其功率因数很低，一般仅为 0.4~0.5，所以应设置电容补偿，以提高功率因数。宜在灯具内装设补偿电容，以降低照明线路无功电流值，降低线路能耗和电压损失。

7.5 监控与报警系统

7.5.1、7.5.2 参考国家标准《城市综合管廊工程技术规范》GB 50838—2015 第 7.5.1 条，现行国家标准《城镇综合管廊监控与报警系统工程技术标准》GB/T 51274 第 3.1.2 条。本标准第 5.9 节中对入廊管线监控与报警系统提出了具体要求；火灾自动报警系统、可燃气体探测报警系统见本标准第 7.6 节。智慧管理平台设计见本标准第 8 章。

7.5.3 监控与报警系统规定：

1 综合管廊监控与报警系统可采用的信号传输方式、网络架构、设备选型与设置有多种组合方案。一般规模的综合管廊，系统较简单，若规模大则系统相对复杂。所以，应根据综合管廊建设规模，采用与之相适应的系统配置、技术和产品。分期建设的综合管廊初期设计时宜按最终实施规模确定信号传输方式、网络架构，并应满足可分期扩展的特殊要求。

3 综合管廊为建于地下服务于管线敷设的封闭空间，为无人值守场所。所以正常情况下，综合管廊日常运行维护采用监控中心集中监控加现场定期巡视的管理方式，为使监控中心值班人员能够对综合管廊内的环境参数、机电设备和系统进行集中监视、远程操作和管理，监控、报警和联动反馈信号应送至监控中心。

7.5.4 综合管廊沿道路建设，典型综合管廊与道路一样具有长距离、区域化的特点。因此除特殊规模较小的综合管廊外，对综合管廊按区段进行分层分布式控制符合综合管廊的特点。

7.5.5 依据国家标准《城市综合管廊工程技术规范》GB 50838—2015 第 7.5.4 条。可依据工程的实际需要增设监测参数，如 CO、NH_3 等；除固定监测设备外，还应配备便携式移动监测设备。

7.5.6 管廊设备监控和管理规定，参照国家标准《城市综合管廊工程技术规范》GB 50838—2015 第 7.5.4 条。

2 就地控制指通过现场控制层的现场控制箱（柜）对设备进行手动、自动控制，远程控制是通过监控中央层装置对受控设备进行远程操控。

5 根据巡检、安全防范、应急处置等要求实施远程控制、智能照明。

7.5.7 中央层设备是指设置于监控中心内的核心控制/后台设备。现场控制层设备是指设置于现场设备间，汇聚设备层信息向中央层传输并执行中央层控制命令的设备。设备层设备是指设置于综合管廊现场的仪表、控制终端等设备。

2 PLC 控制器模块化结构是指其宜由 CPU、电源、通信、输入输出等模块组成。

3 附属设备是指管廊内需要环境与设备监控系统实施监控的设备，如风机、排水泵、照明系统等。

7.5.8 系统设计选型规定，参照现行国家标准《城镇综合管廊监控与报警系统工程技术标准》GB/T 51274 第 5.2.5 条、第 5.3.3 条。

1 环境与设备监控系统设备应包括在综合管廊内现场安装的监控设备和检测仪表。

4 由于电子信息设备线路板等硬件对潮湿、灰尘的影响较为敏感，故提出设备的外壳或设备整机的外防护的防护等级要求。

由于处于地下环境的综合管廊，可能存在一些腐蚀性的气体或物质，因此对于监控与报警系统设备的外壳或者设备内部的电路板等元器件还应具有适合的抗腐蚀能力要求。

5 环境与设备监控系统具有标准、开放的通信接口及协议，是实现智能仪表、设备和系统的数据交换。

6 为了确保系统稳定可靠运行，监控与报警系统使用的设备，应符合国家现行相关标准和法规的要求。属于强制性认证的产品应经认证机构认证合格，不属于强制性认证的产品也应经相关检验机构检验合格。

7.5.9 参考现行国家标准《城镇综合管廊监控与报警系统工程技术标准》GB/T 51274 第 5.3.4 条。干线型、支线型综合管廊是一个典型的隧道空间，仅有一些通风口与大气相通。相对密闭的综合管廊空间由于以下原因会使正常环境发生变化或产生一些有害气体：

1）人员、微生物的活动造成综合管廊内空气中氧气含量下降；综合管廊埋设地区土层中自然含有的危险气体渗入等。

2）入廊管线正常运行时，如污水管道连接处、阀门处易由于滴漏产生硫化氢、甲烷气体；天然气管线在综合管廊内的管道连接处、阀门处易产生甲烷气体漏出；电力电缆、热力管道会产生热量，使得综合管廊内温度升高。

3）入廊管线事故状态时，如水管爆裂使得综合管廊产生危险水位；热力管道泄漏使得综合管廊内温度急剧上升。

这些正常环境改变及产生有害气体都对人员及入廊管线产生危害。因此综合管廊需要设置一些环境仪表，用于对综合管廊环境进行检测并控制相关附属设备调节综合管廊内环境。现行国家标准《城市综合管廊工程技术规范》GB 50838 也对综合管廊需要设置的仪表进行了规定。

1 氧气、温度、湿度是综合管廊的基本参数，与入廊人员安全、管线防护、运行相关。因此要求在每一通风区间设置氧气、温度、湿度检测装置。

2 在热力舱设置分布式光纤温度探测器除检测热力舱正常运行时的环境温度，也能对热力管道的局部非正常升温、爆管进行检测报警。

3 产生硫化氢、甲烷气体的主要有污水管、天然气管以及综合管廊埋设的土层。硫化氢、甲烷气体的产生对人员安全、环境安全造成危险，因此，在容纳污水管或紧邻天然气管道的舱室，或者综合管廊地处含有硫化氢或甲烷气体土层的各舱室，要求在每一通风区间设置硫化氢、甲烷检测装置。可利用舱室的通风系统在回风口收集到通风区间全程监测综合管廊内危险气体的情况，而人员进出口设置是确保人员进入之处符合安全标准，检测装置的安装高度应是与普通人员身高相匹配。天然气管道舱内甲烷探测器统一接入可燃气体探测报警系统。

4 在集水坑处设置水位测量装置用于控制排水泵的启停及高液位报警。综合管廊内一旦水管爆管或发生地面洪水倒灌等情况，排水区间地势最低处最早产生危险水位，因此在排水区间地势最低处设置水位检测装置能及时对水管爆管或洪水倒灌等情况进行报警。

6 对通风系统的监控，现行国家标准《密闭空间作业职业危害防护规范》GBZ/T 205 中规定：缺氧环境<18%、富氧环境>

22%；现行国家标准《缺氧危险作业安全规程》GB 8958 中规定：在已确定为缺氧作业环境的作业场所，必须采取充分的通风换气措施，使该环境空气中氧含量在作业过程中始终保持在 0.195 以上。为此，本条规定氧气含量<19.5%（V/V）时，应启动通风设备。

7 对通风系统的监控，现行国家标准《工作场所有害因素职业接触限值 第 1 部分：化学有害因素》GBZ 2.1 中规定硫化氢在工作场所空气中容许浓度为 $10mg/m^3$、甲烷的爆炸浓度下限约为 5%（V/V），且现行国家标准《城市综合管廊工程技术规范》GB 50838 中规定甲烷的报警浓度不应大于爆炸浓度下限的 20%。据此，本条规定了启动通风设备的硫化氢、甲烷浓度值。

7.5.10 参考现行国家标准《城镇综合管廊监控与报警系统工程技术标准》GB/T 51274 第 5.3.7 条。由于综合管廊发生热力舱温度超高异常、危险高水位报警、有毒有害气体超标等情况会危及进入综合管廊人员的安全，因此，需及时在人员出入口给予警报提示。摄像机视频能最直观反映综合管廊的环境状态，在综合管廊环境与监控系统产生报警信号时，查看相关区域摄像机实时视频，监控中心工作人员能够及时了解现场情况、确认故障、采取措施。

7.5.11 主要馈线是指变配电所干线馈电回路、配电单元舱室分支进线回路及消防设备等的供电回路。

7.5.12 安全防范系统规定，参考现行国家标准《城镇综合管廊监控与报警系统工程技术标准》GB/T 51274 第 6.1 节。

1 综合管廊敷设有城市的各主要工程管线，对城市的安全运行至关重要，且综合管廊内是一个平时无人值守的环境，因此，综合管廊配置相关的安全防范系统是非常必要的。安全防范系统包含若干子系统，各子系统完成不同的安防功能。管控综合管廊人员进出、监视内部基本运行环境对综合管廊的安全运行至关重要，因此，规定安全防范子系统应包括入侵报警系统、视频安防监控系统、出入口控制系统、电子巡查系统。而人员定位系统侧重于从日常管理角度实现安全防范，因此，是否设置人员定位系统应根据具体项目的日常管理要求，经技术经济比较后综合确定。

安全管理系统的功能由智慧管理平台融合从技术上已经没有障碍，且由智慧管理平台整合安全管理系统后，更有利于各系统与安全防范系统的联动。如果项目所在地公安管理部门要求安全防范系统需独立设置时，则需按规定配置独立的安全管理系统，但其上位系统仍应与综合管廊智慧管理平台联通，便于智慧城市建设和管理。

2 安防系统作为一个功能比较独立的系统，采用专用网络有利于安防系统组网调试及可靠运行。当综合管廊规模较小、安防系统信号传输量较少时，安防系统的传输网络可与环境与设备监控系统传输网络合用。

安防信号包含视频信号、报警信号和控制信号等。其中报警信号代表综合管廊内发生了异常，如入侵报警、摄像机移动侦测报警等，控制信号是用于控制各系统的正常运行及应急联动，因此，这些信号优先级别较高，安防网络应优先保障这部分信号的传输。带宽留有裕量是为保证报警信号和控制信号的传输。

7.5.13 参考现行国家标准《城镇综合管廊监控与报警系统工程技术标准》GB/T 51274 第 6.3 节。出入口控制装置正常情况下通过锁定出入口阻止未经授权的人员出入，但在事故状态下应优先保证区域内人员逃生及救援人员进入，因此本条规定在紧急情况下，根据相关系统联动信号，应能联动解除相应出入口控制装置的锁定状态。

7.5.14 视频监控系统规定，参考现行国家标准《城镇综合管廊监控与报警系统工程技术标准》GB/T 51274 第 6.3 节。

4 720P 是标清的清晰度格式，能够满足综合管廊视频监控的要求，且目前市场主流摄像机产品已经达到 720P 及以上的清晰度，因此从综合管廊的视频监控要求及市场情况对摄像机清晰度做出规定。

5 综合管廊内照明系统在正常运行绝大部分时间里处于关闭状态，需要时才点亮，使得综合管廊内存在高或低两种照度状态。因此，综合管廊内的摄像机采用日夜转换型，以适应这两种工况。且为了在日常照明关闭状态下有较好的视频图像效果，应该选择红外灯做辅助照明。

6 综合管廊内敷设了各种城市工程管线，当综合管廊照明点亮后，存在无遮挡的高亮区、被管线遮挡的低亮阴影区。因此，选用具备宽动态功能的摄像机，以适应综合管廊内这种亮度差异较大的场景。

9 视频图像信号数据量巨大，对网络带宽的要求较高。当综合管廊的网络带宽能够满足现场所有视频图像信号实时传输要求的情况下，可采用监控中心集中存储的记录方式。当综合管廊的规模较大．网络带宽无法满足现场所有视频图像信号实时传输要求的情况下，可采用综合管廊分区域就地分布存储的记录方式，在分布式存储记录方式下，通过远方调阅实现监控中心查看历史视频图像信息。

10 当综合管廊内发生异常状况时系统会自动报警，这些异常状况，包括舱室内火灾、天然气管道泄漏、水管爆管、热力管泄漏等人廊管线事故及人员非法入侵事件等，这些事故与事件可能会对现场造成破坏。为了防止事故对现场存储设备造成损坏，致使无法通过存储视频图像对事故进行追溯，故要求这一时间段视频图像应直接上传监控中心储存。

12 综合管廊除定时巡检外，通常是一个无人员且静止的场景。当综合管廊内视频图像发生变化时，可能存在管线事故或人员非法入侵，视频监控系统具有视频移动侦测功能，对综合管廊的异常状态进行侦测及报警是十分必要的。目前，市场上主流视频产品均能实现视频移动侦测功能，也没有明显的成本。因此，推荐视频监控系统配备视频移动侦测功能。

7.5.15 入侵探测报警规定，参考现行国家标准《城镇综合管廊监控与报警系统工程技术标准》GB/T 51274 第 6.2 节。

1 综合管廊有人员非法入侵风险的部位主要是一些防护较弱、容易进入的部位，如通风口等。当构筑物本体防护较强，使得非法入侵概率极低，或装设有出入口控制装置且出入口控制装置具有非法入侵报警功能时，可根据实际情况不再设置入侵报警装置。

3 入侵报警系统应根据综合管廊的规模选择现行国家标准《入侵报警系统工程设计规范》GB 50394 规定的几种模式及其组合模式。

7.5.16 参考现行国家标准《城镇综合管廊监控与报警系统工程技术标准》GB/T 51274 第 6.4 节。出入口控制系统应根据综合管廊的规模，选择现行国家标准《出入口控制系统工程设计规范》GB 50396 规定的几种模式及其组合模式。远程控制功能是指对现场出入口执行机构进行启闭控制及权限设定的功能。

7.5.17、7.5.18 参考现行国家标准《城镇综合管廊监控与报警系统工程技术标准》GB/T 51274 第 6.5 节、第 6.6 节。综合管廊是一个比较简单的通长隧道空间，只要较低的定位精度就能满足人员跟踪保护的要求。规定定位精度不宜大于 100m，也是与摄像机的安装间距要求匹配，便于准确调用相关摄像机对人员位置进行监视。

人员定位系统针对的人员是指带有定位设备的巡检、施工、参观等批准入廊的人员。

在线式电子巡查系统具有实时显示人员巡查线路及到达巡更点的时间的功能，可以兼作人员定位系统；基于无线技术的人员定位系统近年来发展迅速、技术成熟，因此在综合管廊设置无线通信系统时，人员定位可作为无线通信系统的附带功能，在满足人员定位功能的情况下合用系统，减少投资。

7.5.19 参考现行国家标准《城镇综合管廊监控与报警系统工程技术标准》GB/T 51274 第 9.2 节。综合管廊内固定语音通信系统是作为综合管廊内各种工况下应急通信的基础通信工具，一般为固定电话语音通信设备。在此基础上可以根据管理需求增加无线通信系统，以满足综合管廊巡视、维护、事故处理等工作需要。

7.5.20 参考现行国家标准《城镇综合管廊监控与报警系统工程技术标准》GB/T 51274 第 3.5 节。监控与报警系统的线缆布置应方便维护、检修，具备防止外部机械损伤及鼠类等小动物啃咬破坏的能力。电源线与信号线分别隔离设置，以避免电源线与信号线相互间的干扰，避免信号产生误差或失效。消防用线因为需要在火灾时继续工作，因此采用阻燃耐火线缆。

消防线缆的敷设应与其他线缆分开，并在沿线采用必要的防护措施。线路暗敷设时，应采用金属管、可挠（金属）电气导管或 B1 级以上的刚性塑料管保护，并应敷设在不燃烧体的结构层内，且保护层厚度不小于 30mm；线路明敷设时，应采用金属管、可挠（金属）电气导管或金属封闭线槽保护并作防火保护措施。矿物绝缘类不燃性电缆可直接明敷设。电缆桥架数据参考现行协会标准《钢制电缆桥架工程技术规程》T/CECS 31 相关要求确定。

7.5.21 为了满足人身安全、设备安全及电子信息系统正常运行的要求，避免各种因素产生的危险电位差危害人身安全、影响监控与报警系统电子信息设备正常工作，以及所产生的电磁干扰，需对监控与报警系统采用有效等电位联结，并按系统要求设置完备的功能接地与保护接地。综合管廊为埋设在地下的封闭构筑物，较易实现共用接地。共用接地网时，虽然电子信息设备信号接地在相关标准中未规定电阻值，但为满足功能性接地和保护性接地要求，联合接地系统接地电阻应按各系统接地要求中的最小值确定，接地电阻不应大于 1Ω。

7.6 火灾自动报警系统

7.6.1 为保证火灾自动报警系统设备正常运行，便于维护管理，要求设备区进行分隔。

7.6.2 若现场设备作共用设备同时管理两个及以上防火分区或

通风分区时，为防止其中的一个防火分区或通风分区发生事故连带影响到共用设备的安全，从而影响到其他正常防火分区或通风分区的运行的情况发生，故为了安全需将共用设备放置在与其管理的分区相对隔离的独立设备间内。

由于综合管廊现场附属配电设备主要是380V/220V低压设备，且功率不大，几乎无非线性配电设备，所以电磁干扰影响有限。为充分利用综合管廊内的空间，配电设备宜与监控与报警系统设备共用现场设备间。

7.6.3 对于规模较大、断面形式较复杂的综合管廊，为满足综合管廊安全运行的要求。火灾自动报警系统的设计应结合保护对象的特点，做到安全适用、技术先进、经济合理、管理维护方便。

1 根据以往电力隧道工程、综合管廊工程及其他电力工程的运行经验，综合管廊各类入廊管线中电力电缆发生火灾的概率最大，因此，在含有电力电缆（不包括为综合管廊附属设施配套设备供电的少量电力电缆）的舱室需设置火灾自动报警系统。热力管线保温材料若采用可燃材料，热力舱照明灯具、线路不能做到本质安全时，舱室具有一定的火灾风险，也应设置火灾自动报警系统。

2 综合管廊在发生火灾后具有相关联动要求，因此，综合管廊的火灾自动报警系统形式为集中报警系统或控制中心报警系统。当综合管廊由于规模较大，在一个消防控制室内设置两个及以上集中报警系统，或由于管理模式要求设立两个及以上消防控制室时，火灾自动报警系统形式为控制中心报警系统。

4 综合管廊通常规模较大、对管线安全运行的要求也较高，将火灾自动报警系统纳入智慧管理平台可在发生火灾时迅速做出判断、联动相关的系统和设备，并与相关管线管理单位互动及时启动应急预案，可有效提高救灾及综合管理水平。

7.6.4 火灾探测器的设置规定：

1 综合管廊舱室的火灾发展到一定程度需要启动自动灭火

系统实施灭火时，舱室内可燃物的燃烧已发展到明火燃烧阶段，舱室内的温度升高。舱室内设置的自动灭火系统需要由火灾自动报警系统联动控制启动时，系统的联动触发信号应采用舱室内设置的感烟火灾探测器或手动报警按钮和感温火灾探测器报警信号的“与”逻辑。应采用监测舱室空间温度场变化的感温火灾探测器的报警信号作为确认启动自动灭火系统的联动触发信号，用于监测电力电缆表面温度变化的感温火灾探测器的报警信号不能作为确认启动自动灭火系统的联动触发信号。

2 根据含有电力电缆舱室的结构特点，用于监测舱室空间温度的感温火灾探测器的选型和设置，可有下列两种形式：

1） 选择线型感温火灾探测器，在每层或每两层电缆托架上方采用吊装方式设置线型感温火灾探测器，用于对电力电缆着火时托架区域温度变化的及时探测报警，以及时确认火灾，联动控制自动灭火系统启动，实施灭火。

2） 选择点型感温火灾探测器或线型感温火灾探测器，在舱室的顶部设置，用于对舱室内空间温度变化做出探测报警，以确认火灾，联动控制自动灭火系统启动，实施灭火。

在每层或每两层电缆托架上方敷设线性感温火灾探测器，可以对电力电缆火灾做出快速响应；在舱室顶部设置的感温火灾探测器，需火灾发展到一定规模，舱室内的空间温度达到探测器的报警阈值时，方能做出报警响应，此方式的线型感温火灾探测器用量较少也便于施工。

含有电力电缆的舱室、含有可燃材料的热力舱室，在火灾初期，电缆绝缘护套、热力管道保温层等可燃材料的燃烧，会有大量的烟产生，感烟火灾探测器能够及时探测舱室的初起火灾。目前，适用于综合管廊舱室烟雾探测的感烟火灾探测器主要有点型感烟火灾探测器和图像型感烟火灾探测器。

7.6.5 火灾警报装置规定，参考现行国家标准《城镇综合管廊监控与报警系统工程技术标准》GB/T 51274 第 7.2 节。

1 由于综合管廊舱室内平时人员较少，且进入舱室的人员均为事先了解内部情况的工作人员，因此，手动火灾报警按钮的设置原则主要是基于便于工作人员发现火灾时，在撤离发生火灾防火分区时，向消防控制室手动报警；由于舱室内空间狭小，在每个防火分区的出入口设置声光警报器，警报器的警报范围已可以覆盖相应防火分区整个舱室。

2 当综合管廊设有多个舱室，且不同舱室的并行区间共用对外的出入口时，具有火灾危险性的舱室发生火灾时，会危及其他舱室内人员的安全，在该舱室进到共用出入口处设置火灾声光警报器，主要是警示其他舱室进入共用出入口的人员，避免误入火灾舱室并迅速撤离出口。确认火灾后，消防联动控制器统一控制不同舱室共用出入口处相应设置的火灾声光警报器同时启动。

3 限制火灾报警控制器保护的综合管廊舱室的区间范围，是为了确保系统的总线传输距离在额定距离内，增强系统运行的稳定性；同时，限定每一台火灾报警控制器的保护范围，也是为了降低火灾自动报警系统的整体风险。

4 设有火灾自动报警系统的舱室，防火门的工作状态直接影响到报警与灭火的效果，所以应纳入报警联动协同作业。综合管廊内的防火门有常闭型和常开型。常闭型防火门无须联动，只需上传防火门的开闭状态、故障状态。常开型防火门平时开启，在发生火灾时需联动关闭。

7.6.6 综合管廊监控中心为综合管廊的信息中心、控制中心、日常运行管理中心，也是综合管廊应急事故处理的指挥中心，各系统在事故时需跨系统联动、协同工作，因此消防控制室应与监控中心控制室相结合设置。此功能可由环境与设备监控系统的附属设备供配电系统监控功能实现。

7.6.7 参考现行国家标准《城镇综合管廊监控与报警系统工程技术标准》GB/T 51274 第 7.3 节。综合管廊为密闭的平时无人的地下构筑物，不同于一般的民用建筑。当综合管廊内发生火灾时，应及时可靠地关闭通风设施，使综合管廊内形成密闭的环境，通过“闷烧耗氧”的形式有利于控制火势的蔓延。

利用火灾探测器的报警信号作为触发信号，联动控制视频监控系统将显示内容切换至发出火灾报警现场部位的监视图像。可有利于监控中心的工作人员快速判断火灾的发生，采取相应的处置措施。根据现行国家标准《火灾自动报警系统设计规范》GB 50116 的规定，消防水泵等重要消防设备应能被设置在消防控制室内的手动控制盘以直接连接方式启动或停止。但是综合管廊为带状的地下构筑物，不少城市综合管廊规模较大，长度几公里至上百公里，消防控制室至现场的消防设备距离较远，采用直接启动线方式由于距离太长不再适宜。因此，当重要消防设备与消防控制室的距离大于 1000m 时，该设备可由手动控制盘按钮经由火灾自动报警系统网络与总线远程控制。

7.6.8 根据国家标准《火灾自动报警系统设计规范》GB 50116—2013 中第 6.7.1 条规定，消防专用电话网络应为独立的消防通信系统。

7.6.9 参考现行国家标准《城镇综合管廊监控与报警系统工程技术标准》GB/T 51274 第 8.1 节。本标准中的可燃气体探测报警系统中的可燃气体均指用于城镇民用供气的一类和二类天然气。

综合管廊将可燃气体报警系统纳入智慧管理平台可在发生天然气泄漏报警时迅速做出判断，及时与燃气公司协同实施应急预案，联动相关的系统和设备，有效提高救灾及综合管理水平。

燃气体探测报警系统由可燃气体报警控制器、可燃气体探测器和声光警报器组成，能够在保护区域内按规定的浓度范围探测可燃气体的泄漏情况，并按爆炸浓度下限规定的比例值报警和做必要的联动，从而预防由于可燃气体泄漏未及时处理而引发的安全事故。由于含天然气管道的舱室的可燃气体探测报警系统的重要性，故其系统产品应取得经国家指定机构或其授权检验单位相应的计量器具制造认证、消防认证，安装在爆炸危险区域内的设备应取得防爆认证。

本条中的天然气探测器是指根据管道输送的天然气成分而确定对应类别的可燃气体探测器，一般以甲烷探测器为主。

7.6.10 可燃气体探测器的设置规定，参考现行国家标准《城镇综合管廊监控与报警系统工程技术标准》GB/T 51274 第 8.2 节、第 8.3 节。

1 每个防火分区设置的天然气探测器数量较多，对于采用传感器与变送器一体式的探测器，采用总线制可以减少线缆的数量，便于检修维护。按防火分区划分总线，可避免分区回路间的相互影响。

5 本条参照现行国家标准《石油化工可燃气体和有毒气体检测报警设计标准》GB 50493 中的有关规定。

9 可燃气体探测报警系统采用独立的传输网络可以提高系统数据传输的可靠性。监控中心在得到可燃气体报警控制器的报警信号后，一些关键位置的实时浓度数据将会为天然气管线泄漏后的事故判断及处理提供依据。可燃气体探测报警系统的报警信号可通过独立网络或火灾报警系统上传至监控中心，实时浓度数据可通过独立网络或环境与设备监控系统上传至监控中心。

10 由于天然气在封闭空间中泄漏可能造成的安全隐患的后果严重，故可燃气体发生泄漏报警时，需由值班人员至现场进行处置后才可消除报警。

7.6.11 根据国家标准《城镇燃气设计规范》GB 50028—2006（2020 版）中第 7.6.10 条“燃气浓度检测报警器的报警浓度应取天然气爆炸下限的 20%（体积分数）”的规定。当天然气管道舱室所在区间设置有火灾自动报警系统时，也可通过火灾报警控制器联动动作。

本条所指的“同舱室相邻防火分区”是指同一含天然气管道舱室的相邻分区，而非由防火墙隔开的其他并行舱室相邻分区。非相关设备电源的切除是指切除与天然气泄漏应急处理无关的设备的电源，如排水泵、插座箱等。

7.6.12 当综合管廊含天然气管道舱室内其中一个探测器气体报警浓度达到爆炸浓度下限的40%时，预示着天然气管道舱室内的安全受到严重威胁，此时，应根据舱室内其他探测器的浓度数据并结合与燃气公司制定的应急预案，联动关闭天然气管道上相关紧急切断阀，保证天然气管道内的危险气体不再继续大量泄漏至综合管廊内，避免综合管廊内可燃气体的浓度达到或超过爆炸浓度限值。

7.7 排水系统

7.7.1 参考国家标准《城市综合管廊工程技术规范》GB 50838—2015 第7.6.1条。综合管廊内的排水系统主要满足排除综合管廊的结构渗漏水、管道检修放空水的要求，未考虑管道爆管或消防情况下的排水要求。

7.7.2 管廊内废水主要为结构渗漏水，根据已经运营的管廊项目经验，结构渗漏水水量少，集水坑达到最低运行水位往往需要很长时间，致使集水坑内水质卫生情况较差、排水泵的使用频率不高。对于无防火分隔要求的舱室，其排水区间的长度是有条件增加的。对于有防火分隔要求的舱室，排水明沟在防火分隔处可采用水封等形式进行连通，以保证发生火灾时的有效分隔。综上所述，将排水区间最长距离的建议值调整为400m。

7.7.3 参考国家标准《城市综合管廊工程技术规范》GB 50838—2015 第7.6.3条、第7.6.6条。除天然气管道舱外，其余管道舱室的集水坑可采用水封等形式进行连通，以保证各舱室的有效分隔。

7.7.4 天然气管道舱的集水坑不应与其他舱室进行连通。

7.7.5 参考国家标准《城市综合管廊工程技术规范》GB 50838—2015 第7.6.4条。为了将水流尽快汇集至集水坑，综合管廊内采用有组织的排水系统。根据管廊断面宽度，可在综合管廊的单侧、双侧或中间设置排水明沟。综合考虑道路的纵坡设计和综合管廊埋深，排水明沟的纵向坡度不小于0.2%。当局部出现平坡时，应通过二次找坡汇向设有集水坑一侧。

7.7.6 参考国家标准《城市综合管廊工程技术规范》GB 50838—2015第7.6.5条。当受外部条件限制时，排水泵出水管可沿管廊内敷设至有条件处就近排出。管廊的排水通常排入城市污水系统。接入自流管渠时，必要时应有消能设施。

7.7.7 为不影响夹层节点内通风、电气等设备的正常运行和维护，应设置地漏、排水立管将夹层节点内积水及时地排除。排水泵出水管及其配套附件、支吊架的安装应在管廊总体设计中统筹考虑，并不得影响入廊管道、设备的安装、运行和维护。

7.7.8 参考国家标准《城市综合管廊工程技术规范》GB 50838—2015第7.6.7条。热力管道的检修放空水应采用移动泵等设备直接排至管廊外的降温池，降温至40℃以下后再排至城市排水系统。

7.7.9 在综合管廊竖向高差不大、排水量较小或受外部条件限制废水排出点需集中设置等工程条件下可采用真空排水方式。管廊内真空排水管道和泵房的设计应在综合管廊总体设计中统筹考虑。真空排水系统的设计可参考现行协会标准《室外真空排水系统工程技术规程》CECS 316的有关规定。

7.8 标识系统

7.8.2 参考国家标准《城市综合管廊工程技术规范》GB 50838—2015第7.7.1条。

7.8.3 参考国家标准《城市综合管廊工程技术规范》GB 50838—2015第7.7.2条。纳入综合管廊的管线应采用符合管线管理单位要求的标识进行区分：

1）支架、桥架应悬挂或粘贴标识标志，应标明：支架名称、支架型号、材质等信息。

2）舱内管道本体应标注介质名称及介质流向箭头；并应悬挂标识标志牌，应注明：管道类别、规格型号、所属单位名称、联系电话等相关信息。间距不应大于 100m。

3）舱内自有线缆应悬挂标识标牌，标明：电缆编号、型号、始点、终点。入廊线缆应标明电缆编号、规格、始点、终点、产权单位名称、紧急联系电话等。可根据运维单位实际情况增加相应电缆信息，间距不应大于 100m。

4）弱电光缆两端应设置标识牌，标明电缆编号、型号、始点、终点、产权单位名称、紧急联系电话等。可根据运维单位实际情况增加相应光缆信息，间距不应大于 100m。

7.8.4 参考国家标准《城市综合管廊工程技术规范》GB 50838—2015 第 7.7.3 条。管廊舱内应根据舱内设备设置设备标识，跨越每个防火分区同种设备设置标识标志不少于 2 处，功能、用途完全相同的设备，其设备名称应保持一致，采用编号加以区别，具体应符合下列规定：

1）每个仪表应悬挂标识牌，应标明：仪表编号、仪表名称、规格型号、使用日期等相关信息；

2）综合舱管廊电力设备应悬挂或粘贴标识标志，应标明电力设备名称，并设置“当心触电”等安全标识标志；

3）舱内风机设备应悬挂或粘贴标识标志，应标明风机编号、风机设备名称等相关信息，并应设置“当心机械伤害”等安全标识标志；

4）管廊内通信系统设备应悬挂或粘贴设备标识标志，应注明设备名称、设备编号、规格型号等信息，电话机旁应设置“应急电话”标识。

7.8.5 参考国家标准《城市综合管廊工程技术规范》GB 50838—2015 第 7.7.4 条。安全标识标志设置应符合下列规定：

1）管廊巡检区域出入口应设置佩戴劳动保护用品的标识牌，宜包括“必须戴安全帽”“禁止吸烟”等字样；

2）在管廊内通道上方高度不足1.8m的障碍物上，应设置防止碰头线并悬挂“小心碰头”的提示标识；

3）受限空间应设置“未经许可禁止入内”“注意安全”“受限空间”等标识牌，并应根据风险类别增加相应标识。

7.8.6 参考国家标准《城市综合管廊工程技术规范》GB 50838—2015第7.7.5条。

7.8.7 参考国家标准《城市综合管廊工程技术规范》GB 50838—2015第7.7.6条，并进一步明确综合管廊内外部标识设置要求。

7.8.8 参考国家标准《城市综合管廊工程技术规范》GB 50838—2015第7.7.7条。

7.8.9 廊内逃生方向标识及安全出口标识等的设置，尚应考虑本标准第7.4节照明系统中第7.4.2条相关内容的要求。

8　智慧管理平台设计

8.1　一 般 规 定

8.1.1　平台建设应符合地方相关管理部门要求及项目具体情况。平台建设应通过智慧技术及能力，对智慧资源进行管理，以满足项目功能及智慧管理的要求。

8.1.2　智慧管理平台运用智慧技术及能力（包括建设能力、操作能力等），通过对工程信息及资源的整合，形成数据的融合集成，实现动态协同管理，满足管廊智慧平台的管理需求。

8.1.3　平台基本功能

1）平台安全性应着重管制下列环节：

① 应设置系统管理员用户，仅系统管理员具有增加、修改、删除其他用户信息的权限；

② 应禁止除系统管理员以外的其他用户对数据库进行维护操作；

③ 应通过日志记录用户登录、使用重要模块等信息；

④ 应通过日志记录非经授权的软件使用或数据访问；

⑤ 应规定系统密码设定要求，包括有效期、最小长度、复杂度、非空设置、大小写敏感度等。

2）平台可靠性应着重管制下列环节：

① 在运行过程中的操作错误、非法数据不应引起系统异常退出或程序损坏；

② 不应存在因数据破坏、缺损的重大缺陷导致软件无法运行、崩溃、中断；

③ 应对重要数据进行校验；

④ 应对错误准确提示；

⑤ 在对重要数据进行修改、删除时，应有警告及确认

提示；

⑥ 应对相关数据输入进行有效性检查，并对非法数据输入有明确的提示；

⑦ 应能对数据进行备份与恢复操作。

3）平台易用性应着重管制下列环节：

① 应操作简单，并对关键操作提供向导或者帮助说明；

② 应以易观察、易读的形式向用户提供信息，并在必要时向用户发出警报；

③ 人机界面设置和提示信息应易于理解；

④ 用户手册内容应全面详细、易于理解；

⑤ 人机界面宜简洁、美观、实用，风格相对一致，并应采用简体中文。

4）平台可维护性应着重管制下列环节：

① 为智慧管理平台建立明确的质量目标；

② 使用先进的支持及时修复的软件开发技术和工具；

③ 规范代码的编写并进行明确的质量保证审查；

④ 选择可维护的程序设计语言。

5）平台可扩展性应着重管制下列环节：

① 服务功能间应采用粗粒度衔接；

② 应采用成熟的数据库及语言；

③ 预留扩展接口应采用成熟通用的技术；

④ 宜采用中间件的关联应用与服务。

6）平台可移植性应着重管制下列环节：

① 软件应具有可适应不同运行环境的能力；

② 依据用户安装手册，应能在指定环境中成功安装；

③ 软件的运行不应影响其他同时运行软件的运行结果；

④ 在同样环境下，可替代另一个相同用途的指定软件。

8.1.5 综合管廊基础系统一般包含环境与设备监控系统、火灾自动报警系统、安全防范系统、排水系统、通风系统、供配电系统、照明系统、通信系统、结构安全监测系统、可燃气体探测报警系统。管廊管理平台与管廊子系统的对接应根据管廊建设规模、纳入管线种类、管廊运行维护管理模式、经济技术等因素分析后进行选择设置。

8.1.6 智慧管理平台本身作为完整的软件系统，在其运行期间需要进行运行维护管理。智慧管理平台运维管理体系，通过制定平台运行维护管理制度，可明确平台管理员的工作内容和职责，通过分析后台运维管理系统的系统日志、数据库日志和操作日志，可及时发现智慧管理平台的问题。

8.1.7 智慧管理平台关键网络设备、通信链路和数据处理应硬件冗余，保证系统安全、可靠、可用。

智慧管理平台的系统物理环境选择可以优先考虑建筑物的低楼层，避免在用水设备附近。智慧管理平台的系统物理环境应具备防护能力，宜具备防盗、防火、防水、防潮、防静电、防雷击、防盗窃等防护能力。针对环境因素考虑配备温湿度传感器、通风扇、空调等。

智慧管理平台的系统运行环境的一般安全策略也需要考虑，例如主机的登录用户需要考虑身份权限、超时登出、口令强度等，必要时可以部署堡垒主机，以满足拦截非法访问和恶意攻击的要求，并且还能够提供操作审计功能。

智慧管理平台的系统网络环境应满足安全通信要求，宜利用交换机、防火墙等技术手段实现分层划分和安全域防护。

智慧管理平台的系统运维管理应制定安全规范，宜对流程规范、人员管理、数据管理、资产设备、应急预案等制定安全规范。

智慧管理平台与环境及设备监控系统、火灾自动报警系统、安防系统、通信系统等综合管廊内部系统之间宜通过标准通信接口和标准通信协议进行信息互通。智慧管理平台的系统宜实现对系统网络设备、网络流量及用户行为的日志审计，实现对系统主机的身份鉴别、访问控制、安全审计和入侵防范，并配置防病毒软硬件设备，实现恶意代码防范。

智慧管理平台与外部接口系统网络边界宜部署防火墙、入侵防范等防攻击设备，监视并防护端口扫描、强力攻击、木马后门等攻击行为。

智慧管理平台与外部接口系统通信宜采用校验码技术保证通信过程中数据的完整性。智慧管理平台与外部接口系统通信双方建立连接前，宜采用密码技术进行会话验证，并对通信过程中的敏感信息字段进行加密，保证安全。

8.2 平台架构

8.2.2 平台总体架构主要划分为6层，平台架构的分层可以简化平台设计，让不同阶段的平台设计对应不同的分层。

1）现场接口层应包含数据交换和网络管理的功能。管理平台接口层设备应采用综合一体化设备提高集成度，或同时满足多个子/分系统的传输要求。

2）数据层和服务接口层应具有储存基础数据和衍生数据、对外提供数据和业务服务的功能。

3）融合层应具有处理信息的功能，对数据加以自动分析、优化综合。

4）服务应用层应具有行业管理部门、管廊运营管理单位、入廊管线单位提供业务服务的功能。

智慧管理平台的分级架构应根据城市智能化管理水平和综合管廊建设规模因地制宜地确定。例如，北京地区的综合管廊智慧管理平台分为城市级、公司级、项目级，雄安新区的综合管廊智慧管理平台分为新区级、分控级，西安地区的综合管廊智慧管理平台分为城市级和维护站级，昭通、马鞍山等三、四线城市的综合管廊智慧管理平台只有一级。其中，多级智慧管理平台中的较高级别平台只负责对低级别的平台进行监管、对其数据进行监视，并负责制定对应高级别平台的运维管理策略，不负责现场子系统联动控制。

平台架构图是智慧管理平台架构的总体体现，具体城市的不同层级管理平台的功能部署，可根据运营需求确定。

本平台架构图子系统中未体现通信系统，一般情况下，通信系统接入时要依据其子系统实际情况确定。

8.2.4 物联网技术的应用能有效提高综合管廊智慧化管控水平。智慧管理平台的现场子系统可利用物联网技术搭建和真实设备之间的高效、稳定、安全的物联网操作系统控制平台和用户业务定义平台。物联网技术具备设备自发现管理、数据可视化、业务自定义、支持联动视频监控等功能，通过传感器、数据存储等实现人与物的交互感知，从而更好地实现管廊运维。

8.3 平台功能

8.3.1 通过平台设计，可使整个项目的各子系统模块有效组合串联。各子系统在独立运行的同时也能保证整个平台的协作运行。

1）基础服务系统应包括物联感知设备接入系统、综合信息展示管理系统、流程管理系统、基础管理系统、信息共享系统等。视频综合信息展示管理系统能提供视频图像智能解析基础服务，统一生成提供视频和图片的结构化数据，通过数据接口向管廊智慧管理平台提供视频图像数据服务等各类结构和非结构化的数据，满足其应用对视频数据的需求。能提供包括但不限于各类视频图像智能解析算法的调度、管理和训练，以及对视频图像资源进行智能分析，提取视频图像中的人、车、物和特定场景等对象的价值信息，并对异常行为、安全隐患、违法违规行为等进行自动分析检测并提供视图数据治理等智能解析服务。

2）运维管理系统以智慧管理平台架构为基础，结合管廊实际运维场景为管廊运行和维护提供支持及帮助。

3) 安全管理系统应与监测监控系统、运维管理系统相融合，实现安全预警，满足安全检查、安全作业、应急处置、应急指挥的功能要求。

4) 管线管理系统应对入廊管线进行统一编码，实现对管线入廊业务的全流程管理，满足日常运营业务要求。管线管理系统对入廊管线的编码能有效为运维人员提供管线种类、数量等基础信息服务，为管线入廊计价、管线维修更换等提供底层数据支撑。

5) 运营管理系统根据地区实际运营管理经验及政策，结合运营方的实际运营管理制度，对资产、营收、经营状况进行辅助管理，或经数据分析系统分析后提出辅助经营决策的建议。

6) 数据分析系统应结合物联传感数据、运维数据、管线管理数据等进行综合运算，实现廊体环境状况分析、管线运行情况分析、能耗状况分析、设备损耗分析等，并提供决策服务。

8.3.2 近年来物联网、建筑信息模型（BIM）、地理信息系统（GIS）、大数据计算等新技术的发展非常迅速，已经在各领域有了广泛的应用，提升了管理监控水平。智慧管理平台应该顺应这些新技术的发展方向，满足智慧城市的建设要求。具备利用综合管廊 BIM 与 GIS，三维可视化标识入廊管线已使用的引入孔口、引出孔口、支架（墩）、桥架等廊内空间信息。

8.3.3 智慧管理平台的维护计划应根据维护要求，按照巡检结果、数据分析及其他信息反馈结果编制，维护要求应符合现行国家标准《城市地下综合管廊运行维护及安全技术标准》GB/T 51354 的有关规定，并应根据项目实际情况参考相关的地方标准。宜利用移动端配合，辅助养护维修工作。

8.3.4 对智慧管理平台安全应急管理的内容作出规定，其中应急预案应当根据综合管廊安全突发事件类型与级别进行管理，以优先确保管廊内部及周边人员安全逃生为原则。以便紧急事件发生时快速准确地给予响应，便于统一调度指挥。宜结合综合管廊BIM辅助运维人员进行定期安全应急演练。

8.3.5 智慧管理平台应充分考虑各系统的数据的融合，实现云计算的应用，建立一体化监控、分析、决策平台，提供设备维护管控分析平台，提供报警预警、事故应急智慧平台，提供三维可视化监控平台，实现管廊管理从传统的平面信息管理模式到立体化、物联化、智能化的变革。提供系统日志、日报、周报、月报、年报，协助管理人员进行决策分析，包括运维情况分析、环境能耗分析、巡检情况分析、设备运行分析、事件告警分析、运营情况分析。

8.3.6 本条对智慧管理平台人机交互内容作出规定，包括监控界面预警功能、管线运行安全等。

8.3.7 为保证入廊人员安全，移动端应采用廊内实时高精度定位设备，当管廊内管线发生紧急事件时能准确判断入廊人员和故障点的位置信息。运维部分宜具有任务查询、人员定位、巡检、维保、施工、异常上报、实时对讲、紧急呼救、辅助查询等功能；管理部分应具有综合查询分析、环境分析、工单分析、施工分析、事件分析、设备分析、人员分析等功能。

8.3.10 智慧管理平台应作为一个有机的整体结合监控中心的建设分期分层次部署。功能上以北京为代表的超大型城市将监控中心划分为市级、区级、组团级，在智慧管理平台部署时城市级监控中心主要部署监督考核功能，不做运营管理；区域级监控中心主要部署集中管理功能；项目级监控中心主要部署综合展示、应急报警、入廊管理、巡检管理等功能。以雄安为代表的其他城市综合管廊监控中心仅部署两级，市级监控中心主要部署监督考核和部分运营管理功能，项目级监控中心部署部分运营管理功能及综合展示、应急报警、入廊管理、巡检管理等功能。其余各地综合管廊均根据自身城市等级、综合管廊建设规模等确定监控中心层级，并结合自身管理特点对智慧管理平台进行部署。

8.4 平台性能

8.4.3 为保障设备处于高效工作状态，避免因负荷率过高造成设备故障或寿命降低，本条对不同类别的设备负载能力做出规定，具体以“load average”指令的返回值为指标进行规定，便于实施和考核。其中 LOAD1 为 1min 平均负荷，LOAD5 为 5min 平均负荷，LOAD15 为 15min 平均负荷；对于多核 CPU 其返回值应折算至单核，即返回值除以核数量。

8.5 平台接口

8.5.1 系统接口形式具有一定兼容性，通讯协议接口类型宜包括 TCP/IP、SOAP、HTTP/HTTPS、TP 等。关于消防联动的问题，应根据当地消防要求设计与火灾报警子系统联动接口。

8.5.2 智慧管理平台宜通过组态系统与管廊内子系统进行对接，具体对接方式应根据项目实际情况确定。基于相应接口实现与综合管廊内各子系统、入廊管线单位监控系统以及综合管廊运营管理单位、行业管理部门等各层级管理系统的相互连通。

8.5.3 资源接口所传输的数据内容一般包括设备工况及点位指标，种类包括传感器数据、视频数据、文本文件等。资源接口传输频率宜在 2s~5s 之间，事件接口及控制接口传输频率宜为实时传输。与子系统对接内容可参照如下示例，具体参数选择、传输频率及等级应满足相关标准及项目实际需求：

1）应上传环境参数，配合廊内其他子系统共同保障廊内人员的安全及设备正常运行，上传参数宜选择氧气、温度、湿度、硫化氢等。

2）应上传风机等通风系统设备的运行状态信息，如高低速状态、手自动状态、启停状态等；宜通过控制接口按预设条件或手动对设备进行远程控制。

3）应上传水泵等排水系统设备的状态信息，如手自动状态、故障状态。

4）宜上传供配电系统的状态信息；并根据预设事件进行报警。

5）应上传照明系统运设备的状态信息；并应通过控制接口按预设条件或手动对设备进行远程控制。

6）应根据相关规范及项目实际情况传输火灾自动报警系统信息，配合管廊安全运营管理。

7）宜上传安防监控系统主要设备的状态信息，如门禁开闭状态、智能井盖开闭状态等；应实时上传视频监控、人员定位等信息；应根据预设事件进行报警，如智能井盖、门禁等出入口设备的强制开启报警、摄像头移动侦测报警等。

8.6 平台数据

8.6.1 通用字段标准建议采用规范化的方式对基础数据进行定义和描述，数据的属性种类宜包括名称、标识、版本、定义、约束性、数据类型、数据格式、单位、值域、备注等。应符合国家标准《非结构化数据表示规范》GB/T 32909—2016、《智慧城市 数据融合 第5部分：市政基础设施数据元素》GB/T 36625.5—2019、《城市综合管廊运营服务规范》GB/T 38550—2020、《智慧城市 数据融合 第2部分：数据编码规范》GB/T 36625.2—2018、《工业物联网 数据采集结构化描述规范》GB/T 38619—2020的有关规定。

8.6.2 智慧管理平台的数据具有多源异构的特性，一方面要满足用户的使用需求，另一方面要融合关联的各个子系统。多源指平台数据来源的多样性，数据可经由表单录入、传感器采集、视频存储等来源汇聚至平台。异构指平台数据结构类型的差异性，如结构化的业务数据，非结构化的图片文件数据，属于三维时空数据的BIM、GIS数据等。

1）平台业务数据是用户使用过程录入的表单数据、业务流程流转产生的过程数据。主要业务功能模块可包含如下模块：

维护保养功能模块对管廊主体结构及附属结构的运行检查、维修养护数据，附属设施包括消防、通风、供电、照明、监控与报警、排水、标识等的运行维护数据，智慧管理平台的硬件设备、软件系统、数据库等的运行维护数据。

应急管理功能模块在应急处置过程中记录的事故类型、应急响应时间、处置流程等数据。资产管理功能模块在资产登记、移交、转固、盘点、转移、报废等维护周期过程中产生的数据。入廊管理功能模块在管线、人员出入与管廊使用过程中产生的数据。营收管理功能模块在管线入廊收费等经营活动中产生的数据。

2）图片文件数据是用户使用过程直接上传至平台存储的文件类数据。档案管理功能模块可将管廊建设、运营相关记录、文件、资料进行收集、整理、归档、保管。

3）事件告警数据根据平台管理部门需求确定，可综合关联多种数据进行告警。可包括安全防范系统数据、综合视频监控、人员定位等数据。

4）传感器数据由终端传感器采集，经由 PLC 或无线传输等技术，传输到平台存储。可包括环境与设备监控系统数据，如氧含量、硫化氢、温度、湿度等数据；可燃气体探测报警系统数据，如可燃气体数据；火灾自动报警系统数据，如消防探测器数据。

5）视频监控数据通过监控摄像头收集，可支持实时预览和历史存储视频回放。

6）通信系统数据，包括广播、语音、视频通话等数据。

7）GIS 数据可选用相应的 GIS 平台，表达管廊舱室、分区、设备间等图层数据，以及符合地图展示基本要求的行政区划、街道小区、周边关键建筑、管廊出入口位置等信息。图层数据可包括舱室类型、分区名称、设备间编号等信息。

8）BIM 数据可采用二、三维 BIM 模型，存储管廊本体、附属设施、入廊管线等信息，主要是管廊与管线在规划、设计、建设等阶段所产生的数据，数据应与竣工图纸保持一致。管廊本体应包括舱室类型、分区划分、舱室结构尺寸、设备间、出入口等。管廊本体应包括位置标记，位置标记应与廊内设施的物理位置标记对应，位置标记的表达方法应具有易读性。设备间数据应包括设备间位置、设备与管廊连接通道、设备间空间大小等数据。出入口数据应包括出入口类型、出入口位置、出入口尺寸、出入口具体坐标及桩号等数据。管廊附属设施应包括设备设施类型、尺寸、外观、部署位置、接口方式、数据采集地址、设备设施厂家、型号、维护保养要求等数据。入廊管线应包括管线及其附属设施的类型、尺寸、颜色、部署位置、所属单位等数据。入廊管线宜包括管线及其附属设施的建设时间、材质、维护保养要求等信息。

智慧管理平台各种功能的实现，是以不同的数据进行支撑。

8.6.3 以上存储容量及存储时长，一方面可根据管廊相关管理部门要求调整，另一方面可根据管廊规模大小调整。视频监控数据优先考虑视频监控设备供应商的系统存储方案，根据管廊项目情况可统一存储。

8.6.4 可根据实际情况选用异地容灾策略，对重要数据至少提供异地数据级备份，保证当本地系统发生灾难性后果不可恢复时，利用异地保存的数据对系统数据能进行恢复。

8.6.5 智慧管理平台不是孤立的平台，向下需融合各子系统，向上需对接上级平台。数据的共享方式可根据对端的需求不同而调整。

1）可确定共享数据的方式，例如接口发送、接口请求、数据库开放、文件共享等。

2）可确定共享数据的频率，例如接口发送方式中，以每分钟方式推送数据至对端。

3）可确定共享数据的权限，例如数据库开放方式中，因安全级别不同确定允许接入的对端。

4）数据的更新一般可分为被动触发、主动更新和人工操作。

5）被动更新由用户操作和子系统上传数据触发。

6）主动更新通过设定好的业务逻辑由平台自动进行数据更新。

7）人工操作指平台数据异常，无法通过平台自身运行而修复，需要人工进行数据更新维护。

8）如平台及数据库受网络条件限制无法实时更新，可采用来源数据采集、分类，再整体导入的方式更新数据。

1511239359

统一书号：15112 · 39359
定　　价：**78.00**　元

ICS 93.010

团 体 标 准

P

T/CECA 20022—2022

城市地下综合管廊工程设计标准

Design standard for urban utility tunnel engineering

2022 – 10 – 24 发布   2022 – 12 – 01 实施

CECA

中 国 勘 察 设 计 协 会　发布